Фронтовая ИЛЛЮСТРАЦИЯ

独ソ戦車戦シリーズ
2

バルバロッサのプレリュード

ドイツ軍奇襲成功の裏面・もうひとつの史実

著者
マクシム・コロミーエツ
Максим КОЛОМИЕЦ

ミハイル・マカーロフ
Михаил МАКАРОВ

翻訳
小松徳仁
Norihito KOMATSU

監修
齋木伸生
Nobuo SAIKI

ПРЕЛЮДИЯ К БАРБАРОССЕ

大日本絵画
dainipponkaiga

目次 contents

- 2 ●目次、原書スタッフ
- 3 ●序文
- 4 ●第1章　ドイツ国防軍
  ВЕРМАХТ
  - 4　バルバロッサ作戦の準備
  - 16　兵器と装備
- 32 ●第2章　開戦前夜の赤軍
  СОСТОЯНИЕ КРАСНОЙ
  АРМИИ НАКАНУНЕ ВОЙНЫ

32	赤軍の統帥機関	114	騎兵科
40	戦略・作戦計画	117	空挺科
44	動員展開	117	通信科
49	士官	118	工兵科
51	狙撃科	119	要塞地帯
59	砲兵	128	赤軍後方
77	機甲科		

- 65 ●塗装とマーキング
- 130 ●参考文献と資料
- 131 ●監修者あとがき

原書スタッフ

発行所／有限会社ストラテーギヤKM
　　　　ロシア連邦　125015　モスクワ市
　　　　ノヴォドミートロフスカヤ通り5-A 701号室
　　　　電話：7-095-787-36-10
発行者／マクシム・コロミーエツ
プロジェクトチーフ／ニーナ・ソボリコーヴァ
美術編集／エヴゲーニィ・リトヴィーノフ
校正／ライーサ・コロミーエツ
資料翻訳／ヤロスラーフ・トームシン
地図／パーヴェル・シートキン

■写真キャプション中の「付記」は、日本語版（本書）編集の際に、
　監修者によって付け加えられた。

序文

　1941年夏、ドイツ軍は「バルバロッサ」と名付けられた対ソ侵攻作戦を発起し、ソ連領内を怒濤のごとく進撃した。この後に続くソ連軍の悲劇について、今まで世に出された著作は少なくない。最近も、このテーマの研究結果が多数発表されているが、独ソ戦争初期の出来事については多種多様な解釈がなされている。しかし、どのような見方の中にも、ひとつの共通した疑問が横たわっている——1941年の夏に赤軍は兵器の数ではるかに優勢でありながら、なぜあのような甚大な敗北を喫したのか？　それに対してはいろいろな解答が試みられている。ある者は、ソ連の方こそドイツを攻撃するつもりだったのであり、赤軍部隊は攻撃用に編成されていたために不意の攻撃に反撃できる態勢にはなかったと書き、またある者は、赤軍には新型兵器が少なかったからだと説明し、果ては、赤軍の兵器数に関して紹介されるデータは神話だとする主張さえ見られる。総じて、十人十色の感がある。

　『フロントヴァヤ・イリュストラーツィヤ』誌編集部は、1941年夏の事件を物語る本の出版を望む手紙をたくさんの読者からいただいた。そこでこの要望にこたえるべく、1941年6月時点の独ソ両陸軍の兵力比較をテーマとする本書発行の準備を決めた。しかし、資料の収集を進めるうちに、各種の情報が多くの点で相矛盾し、いく通りもの解釈が可能であり、きわめて詳細な研究が必要なことが判った。そのうえ、これらの出来事に評価を下すには、当時の政治的、経済的、軍事的背景を無視できない場合が多々ある。つまり、このテーマがあまりにも膨大かつ多面的であり、本書1冊ですべてを網羅できるような内容ではない。

　それゆえ、ここでは、最近とくに議論の盛んないくつかの側面に触れるにとどめた。すなわち、赤軍の兵力動員状況、特に機甲部隊と要塞地帯におもな焦点を当て、ドイツ国防軍に関しては興味深いと思われるポイントのみ取り上げた。執筆にあたっては、できるだけ主観的評価を避け、本書を手にされる方々が自分なりの結論を出していただけるよう努めた。また、多数のデータを掲載したが、その大半は初めて公開されるものである。本書はひとまとまりの完結した研究成果ではなく、むしろデータ資料集といったほうが適当かもしれない。ここに紹介した資料を基に、読者諸兄自ら真実の究明に立ち向かわれるならば、幸いである。

　本書の執筆、編集にあたりご協力を頂いたM・スヴィーリン、I・ペレヤスラーフツェフ、A・クラピヴノイの各氏にお礼を申し上げたい。

マクシム・コロミーエツ

第1章
ドイツ国防軍
ВЕРМАХТ

バルバロッサ作戦の準備
ПОДГОТОВКА ВООРУЖЕННЫХ СИЛ ГЕРМАНИИ

　1940年9月、ドイツでは再び予備役の動員が実施され、国防軍兵力が同年6月の576万5,000人から翌年6月には732万9,000人へと膨れ上がった。独ソ開戦時のドイツ軍の作戦総兵力（武装SS部隊も含む）は412万人を数え、210個師団（歩兵152個、戦車21個、自動車化10個、武装SS6個、山岳6個、軽歩兵4個、警備9個、砲兵1個、空挺1個）と9個独立連隊から成っていた。1940年10月12日以降、イギリス本土侵攻を諦めたドイツ軍指導部は、「東方遠征」の準備をスピードアップさせた。部隊の戦闘能力の向上や装備の更新、編制定数の改革が進められた。最も戦闘能力の劣る師団は編制を解かれ、残る師団は再編成された。そのうえ、多数の新しい各種部隊が誕生した。新規編成された部隊は、すでに実戦経験を積んだ大隊や連隊をそのまま編入することで、その戦闘能力の向上が図られた。例えば、新しく戦車師団を編成するにあたり、最も練度の高い自動車化師団や歩兵師団が選ばれた。そして、すべての師団が戦時編制に移行した。また、赤軍に対する質的優勢を確保するため、戦闘訓練が強化された。ドイツ軍指導部が発した訓令は、「西部戦線の経験を過大評価せず、対等の敵との全力戦に備え、部隊を訓練せよ」と要求していた。その目的で、1940年秋には冬戦争（1939年～1940年の第一次ソ芬戦争）を概観した冊子まで作成された。

　赤軍が戦車数において優位にあることを知っていたドイツ軍指導部は、対戦車兵器の配備に大きな注意を払った。1940年末には、対戦車部隊に新型の5cm対戦車砲や2.8cm重対戦車銃が配備されるようになった。対ソ侵攻が始まるまでにドイツ軍の対戦車砲の保有数は25％増加し、対戦車銃のそれは20倍にもなった。全作戦部隊の中に占める機甲部隊と機械化部隊の割合も増え、1941年6月までに新規編成された84個師団のうち23個は高機動性師団（戦車11個、自動車化8個、軽歩兵[注1]4個）であった。とりわけ、軽歩兵師団は道路網が未発達な地域での活動が期待され、多数の馬匹と馬車を保有していた。

1・2：ドイツのSd.Kfz.222軽装甲車は偵察、通信に効果的に使用された。
付記：軽装甲車体に2cm機関砲を装備するSd.Kfz.222。1936年から1943年6月まで989両が生産された。ホルヒ801sPKwⅠの車台を使用している。

[注1] 山岳師団ほど本格的ではないが、それに準じる装備の軽山岳師団。（監修者）

1

2

ドイツ軍司令部は西部戦線での経験から、4個の戦車集団を創設し、それらを軍と同格に位置付けた。

陸軍には作戦上、多数の高射砲部隊が配属された（通常の編制上、防空部隊は空軍の一部であった）。軍と戦車集団には混成高射砲大隊37個と軽高射砲大隊14個が付与された。こうして、陸軍の対空能力が高められた。

ドイツ軍の対ソ侵攻兵力の集結と展開は、1941年2月半ばに始まり、6段階に分けて進められた（最初から5段階目までは攻撃部隊が展開、最後列には陸軍総司令部予備が控えていた）。第一陣として東部戦線に派遣されたのは7個師団で（2月20日〜3月15日）、続いて19個師団が第二陣として3月16日から4月10日の間に出発した。次に、17個師団が4月11日から5月21日にかけて移動、さらに18個師団がその後に続いた（5月22日〜6月5日）。6月6日からは31個師団と2個旅団が同月18日までに東征に出発した。最後に残った陸軍総司令部予備の28個師団と1個旅団の移動は6月19日に開始され、すでに戦端が開かれて数週間が過ぎた頃に完了した。

1941年6月10日から、進撃部隊はソ連国境より7〜30km離れた

3：Sd.Kfz.221軽装甲車とSd.Kfz.232重装甲偵察車（6輪）（無線）は、ドイツ軍部隊が偵察と連絡の任務に積極活用した。

付記：Sd.Kfz.221は、Sd.Kfz.222の原型になった車両で機関銃のみ装備。1935年から1940年5月までに339両が生産された。Sd.Kfz.232はトラック車体を流用した旧式装甲車で、1932年から1937年に231/232あわせて123両が生産された。1940年頃から第一線任務から外されているので、ロシア侵攻作戦では大きな活躍はしなかった。

4：Kfz.1キューベルワーゲンは、偵察と連絡用に特別開発された軽車両である。
付記：ポルシェ博士が開発したフォルクスワーゲンをもとにした軍用車両で、箱型の非装甲車体を持つ。後2輪のみの駆動だが、比較的機動性は良かった。

攻撃発起地区に入り始めた。6月18日以降、上記第一陣の各師団はカモフラージュをしっかり施して、日没時間帯にソ連の国境線に接近しはじめた。

1941年6月21日夕刻までに、バルト海から黒海にいたるソ連の西部国境沿いにドイツ軍は120個師団と2個旅団を展開させた。国境南部にはルーマニア軍の13個師団と9個旅団も配置されていた。これらすべての部隊は、3個の軍集団に統括された。

メーメリからゴリダープまでの戦区（230km）には第18及び第16軍と第4戦車集団からなる北方軍集団が展開した（戦車師団3個と自動車化師団3個を含む計29個師団）。北方軍集団は第1航空艦隊（航空機530機）が援護していた。

ゴリダープからヴロダーヴァの間（550km）では、第9及び第4軍と第2及び第3戦車集団による中央軍集団が編成された（戦車師団9個と自動車化師団7個を含む計50個師団と1個旅団）。その上空では第2航空艦隊（航空機1,252機）が援護の任に就いていた。

ヴロダーヴァからドナウ河河口にいたる地区（730km）に展開した南方軍集団は、ドイツ軍の第6及び第17、第11の各軍と第1戦車集団、それにルーマニアの第3及び第4軍とハンガリー軍カルパチア部隊から編成されていた（ドイツ軍は戦車師団5個と自動車化師団4個を含む計41個師団と1個旅団、ルーマニア軍は13個師団と9個旅団、ハンガリー軍は4個旅団）。南方軍集団を空からエスコートしたのは、ドイツの第4航空艦隊（航空機772機）とルーマニア空軍（航空機約500機）であった。

5・6：1941年6月22日時点で、Ⅱ号火焰放射戦車（Pz.Kpfw.Ⅱ(Fl)）は第100及び第101火焰放射戦車大隊に配備された。
付記：Ⅱ号火焰放射戦車は、Ⅱ号戦車D、E型をベースに1940年1月から3月までに155両が生産、改装された。火焰放射機は車体前方左右に装備され、2〜3秒の放射を80回行うことができた。車体中央には機関銃塔を搭載していた。なお、第100、第101火焰放射戦車大隊はそれぞれ第18戦車師団、第7戦車師団と行動を共にした。

7：捕獲フランス戦車シャールB1bisは火焰放射戦車に改造され、ドイツ国防軍内部ではB2火焰放射戦車と名づけられた。開戦時には、この戦車で武装した戦車大隊が1個あった。
付記：この戦車は、1941年6月までに60両が改装された。火焰放射機は射程40〜45mで、200回の放射が可能だった。第102火焰放射戦車大隊はこの車両を24両を装備してバルバロッサ作戦に参加し、第24及び第296歩兵師団の攻撃を支援した。

8：ドイツ国防軍戦車部隊は独ソ開戦時にⅠ号戦車（Pz.Kpfw.Ⅰ：写真はB型）を1,122両保有していたが、その用途は偵察に限られた。

付記：Ⅰ号戦車は元来が訓練用の車両で、A型が1934年7月から1936年6月までに818両、車体を拡大したB型が1935年8月から1937年6月までに675両生産された。軽装甲で機関銃しか装備しておらず、独ソ戦時にはもはや完全に旧式化していた。

9:強力な無線装置を有する指揮戦車（Pz.Befehlswagen）330両の存在は、戦闘中の戦車部隊の指揮をかなり容易にした。写真は、I号戦車B型を改造した小型指揮戦車（kl.Pz.Bef.Wg I）。
付記：I号戦車B型をベースにした小型指揮戦車は、1935年から1937年までに184両が生産された。小型すぎて能力が不足しており、次第に配備から外された。

10：ドイツ国防軍の兵器として採用されたチェコスロヴァキア製の38（t）戦車は、かなり有能な戦車であることが認められ、性能面でT-26やBTといったソ連戦車を凌駕していた。
付記：38（t）戦車はもともとCKD社がチェコスロヴァキア陸軍向けに開発した軽戦車で、ドイツのチェコ併合によってドイツ軍に接収され、さらにドイツ軍向けに生産が続けられた。写真の車両前面の「K」はクライスト戦車集団のマークである。

11・12：チェコスロヴァキア製の38（t）戦車は、バルバロッサ作戦に投入されるドイツ軍戦車の20％を占めた。

付記：写真12は第20戦車師団の車両。38(t)戦車は主に第7、8、12、19、20戦車師団に配備された。優秀な戦車ではあったが、しょせん軽戦車であり、独ソ戦開戦時にはすでに旧式化していた。

13：3.7cm砲Kw.K.L/45を搭載したⅢ号戦車（Pz.Kpfw.Ⅲ）は、砲の装甲貫通力が弱かったことから、ソ連のT-34中戦車やKV重戦車と戦うことはできなかった。
付記：Ⅲ号戦車の開発当初、主砲にいかなる口径を採用するか議論があった。結局、歩兵の使用する3.7cm砲と共通の口径が採用されたが、5cm砲も搭載可能なように砲塔リングを大きくすることで妥協が成立した。

14：200ℓ缶から燃料を補給されるⅢ号戦車。
付記：Ⅲ号戦車EまたはF型。E型でⅢ号戦車の形態は決まったといえる。E型は1938年12月から1939年10月までに96両が生産され、F型は1939年9月から1940年7月までに435両が生産された。

15：5cmKw.K.L/42砲搭載型Ⅲ号戦車はソ連のT-26戦車やBT快速戦車を相手に善戦したが、KV重戦車とT-34中戦車の前では無力だった。
付記：5cm砲はF型の途中から採用され、以前の型も順次換装された。ヒットラーは長砲身の60口径5cm砲の搭載を指示していたが、兵器局はこれを無視して42口径砲を搭載した。なお、写真の車両はイギリス上陸作戦用に潜水戦車に改造されたもので、第3戦車師団の所属である。

14

15

表1. 1941年6月のドイツ国防軍保有戦車データ

車両の種類	可動車両	修理中	計(6月1日現在)	6月の補充台数
戦車				
Ⅰ号戦車	877	245	1122	—
Ⅱ号戦車	1074	45	1119	15
Ⅲ号火焔放射戦車	85	—	85	—
Ⅲ号戦車(3.7cm砲搭載)	235	81	316	—
Ⅲ号戦車(5cm砲搭載)	1090	23	1113	133
Ⅳ号戦車	572	41	613	38
35(t)戦車	187	11	198	—
38(t)戦車	754	25	779	65
小型指揮戦車	141	—	141	2
中型指揮戦車	189	—	189	3
戦車小計：	5204	471	5675	256
自走砲				
4.7cm対戦車砲(t)(自走式)搭載Ⅰ号戦車B型	202	—	202	—
15cm榴弾砲s.I.G33搭載Ⅰ号戦車	38	—	38	—
Ⅲ号突撃砲	377	—	377	56
自走砲小計：	617	—	617	56
合計：	5821		6292	312

(表にはドイツ軍に配備されたフランス製その他の捕獲戦車のデータは含まれていない：著者注)

　フィンランドと北ノルウェーの領内にはドイツ「ノルウェー」軍とフィンランド軍（21個師団と3個旅団、うちドイツ師団5個を含む）が進撃を控えていた。上空援護はドイツの第5航空艦隊（航空機98機）とフィンランド空軍が担当していた。

　こうして、対ソ戦に動員された兵力は、予備も含めて182個師団と19個旅団に上り（そのうちドイツ軍は153個師団と3個旅団）、人員は500万人、火砲及び迫撃砲4万7,000門以上、航空機約5,000機を数え、戦車は4,000両を越えた。進撃の先鋒としては130個師団と8個旅団（全作戦兵力の80％）が割かれ、これらは基本的に主攻撃方面に集結された結果、そこでのドイツ軍兵力はソ連軍に対して4〜6倍の優勢を確保することができた。

　ソ連に対する諜報及び防諜、破壊工作活動のために1940年11月から「ケーニヒスベルグ」、「ワルシャワ」、「クラクフ」と名付けられた特殊工作部隊が投入された。1941年の3月、4月には各軍集団に諜報破壊工作課「アブヴェル1」が設置された。東部戦線で活動するすべての諜報組織は1941年5月1日以降、アブヴェルの統轄本部「ヴィッリ」の指揮下に置かれた。戦争初期の破壊工作には特殊連隊「ブランデンブルグ800」と西ウクライナ及びバルト諸国の民族主義団体が活用された。

　ドイツ軍指導部が特に注意を払ったのは、対ソ攻撃の奇襲性を確

16：対ソ戦開始時のドイツ軍戦車部隊には、短砲身の7.5cm砲を搭載したIV号戦車（Pz.Kpfw.IV）は613両あった。

付記：IV号戦車B/C、D、E型が見える。B型は1938年4月から9月までに42両、C型は1938年9月から1939年8月までに134両、D型は1939年10月から1941年5月までに229両、E型は1940年9月から1941年4月までに223両が生産された。IV号戦車は本来、火力支援用の戦車だったが、独ソ戦の結果、長砲身化が進められ、主力戦車の役割を果たすようになった。

保することであった。この目的で、1941年2月15日にドイツ国防軍参謀本部はカイテル参謀総長の署名が入った『対敵情報攪乱に関する訓令』を発した。それによると、ドイツ軍指導部の意図について誤った見方を敵に抱かせ、ドイツのイギリスに対する攻撃やバルカン半島及び北アフリカでの作戦計画に注意を惹き寄せることが想定されていた。ソ連国境へのドイツ軍部隊の展開は、あくまで対英侵攻のための陽動作戦に見せかけることを狙っていた。ドイツの対ソ戦準備で注目されるのは、ドイツ軍各参謀部内での大規模作戦計画が比較的短期間（5カ月間）に策定されたことである。部隊の展開計画や物資補給計画が早急に練り上げられた一方、計画が一旦承認されると、それに従った各部隊レベルの「東方遠征」の準備には多くの時間が割かれた。ただし、ドイツ軍指導部が対ソ戦計画の策定において、電撃戦が長期戦に転化する可能性を完全に否定したことは、最大の誤算のひとつだったと指摘しておかねばなるまい。

兵器と装備

ВООРУЖЕНИЕ И
ТЕХНИЧЕСКОЕ ОСНАЩЕНИЕ

　ドイツの歩兵火器といえば、ロシアではソ連映画に登場する武器がまずイメージされる。なかでも、「ドイツ兵はみな、袖を肘まで捲り上げ、シュマイザー自動小銃を腰だめでぶっ放しながら攻めてきた」というのは、ロシア人の耳にはお馴染みのセリフである。あたかも、ドイツ国防軍の歩兵火器はシュマイザー自動小銃ばかりだったような印象を受ける。しかし、実情はまったく違っていた。

　ドイツ歩兵の主な火器は（終戦まで）、口径7.92mmのモーゼル98Kカービン銃であった。「シュマイザー自動小銃」に関しては、まずそれがモデルによってMP38やMP40と分類され、しかも自動小銃ではなく、機関短銃であった（使用実包はパラベラムピストルの9mm実包であった。いわゆる自動小銃には拳銃実包よりは強力だが、ライフル実包よりは威力の弱い、中間的な実包が使われていた）。それに、銃器設計者のH・シュマイザーはMP機関短銃の開発には加わっておらず、しかも、この武器がドイツ国防軍に配備された数はそれほど多くはない。1941年6月の時点でMP38とMP40は約16万挺が部隊配備されていたが、そのうちのおよそ5万挺は空軍（ルフトヴァッフェ）、それも特に落下傘部隊に供給された。陸軍で機関短銃を保有していたのは、戦車や装甲自動車の乗員か歩兵部隊の指揮官であった。つまり、ヴェアマハトが大量の機関短銃で武装していたというのは神話にすぎないのだ。

　機関銃は、やや事情が異なっていた。1941年6月のドイツ国防軍は、7.92mmMG34機関銃を約10万挺保有していた。その設計は非常に優れ、安定した作動性と高い射撃性能を誇っていた。その他に、7.92mmMG08機関銃（第一次世界大戦期モデルの改良型）と捕獲したチェコスロヴァキア製ZB機関銃とフランス製ホチキス機関銃も多数装備していた。

　ドイツ国防軍の砲兵兵器はかなり雑多であった。第一次大戦期モデルの改良型とともに当時最新型の砲も多数配備してあった。とりわけ、高射砲と対戦車砲は充実していた。前者は、8.8cmFlak36高射砲と2cmFlak高射機関砲で代表される。これらの砲の一部は半装軌式牽引車の車台に取り付けられ、防空部隊の、特に行軍中と戦闘中の機動性を飛躍的に高めた。バルバロッサ作戦のために集結した部隊は、1941年6月1日時点で独立高射砲大隊53個を擁していた（ここに防空部隊は含まれていない）。

　対戦車兵器の代表といえば、3.7cmPaK35/36対戦車砲であり、

17：全輪駆動型のSd.Kfz.232重装甲偵察車（8輪）は、不整地や悪路でなかなか良い踏破性能を示した。
付記：Sd.Kfz.232は、8輪駆動8輪転舵8輪独立懸架の足まわりを持ち、極めて優れた機動性を発揮した。この車両は、Sd.Kfz.231（無線機の能力が劣る）とともに、1936年から1943年9月までに607両が生産された。

18：1941年6月のドイツ国防軍には、Ⅲ号突撃砲（Stu.G.Ⅲ）を保有する突撃砲大隊が11個あった。
付記：Ⅲ号突撃砲A、B型だろうか？Ⅲ号突撃砲はⅢ号戦車の車台を流用し、固定戦闘室を設けて7.5cm榴弾砲を搭載していた。A型は1940年1月から5月まで50両が生産され、B型は1940年6月から1941年5月までに320両が生産された。突撃砲は歩兵の支援用兵器で、砲兵科が運用した。

17

18

表2. 1941年6月21日夕刻に独ソ国境に集結したドイツ国防軍戦車部隊の戦車数

部隊番号	Ⅰ号戦車	Ⅱ号戦車	Ⅲ号戦車(3.7cm砲搭載)	Ⅲ号戦車(5cm砲搭載)	Ⅳ号戦車	35(t)戦車	38(t)戦車	指揮戦車	火焔放射戦車	捕獲戦車	計
第1戦車師団	—	43	—	71	20	—	—	11	—	—	145
第3戦車師団	—	58	29	81	32	—	—	15	—	—	215
第4戦車師団	—	44	31	74	20	—	—	8	—	—	177
第6戦車師団	—	47	—	—	—	155	—	13	—	—	215
第7戦車師団	—	53	—	—	30	—	167	15	—	—	265
第8戦車師団	—	49	—	—	30	—	118	13	—	—	210
第9戦車師団	8	32	11	60	20	—	—	12	—	—	143
第10戦車師団	—	45	—	105	20	—	—	12	—	—	182
第11戦車師団	—	44	24	47	20	—	—	8	—	—	143
第12戦車師団	40	33	—	—	30	—	109	8	—	—	220
第13戦車師団	—	45	27	44	20	—	—	13	—	—	149
第14戦車師団	—	45	15	56	20	—	—	11	—	—	147
第16戦車師団	—	45	23	48	20	—	—	10	—	—	146
第17戦車師団	12	44	—	106	30	—	—	10	—	—	202
第18戦車師団	6	50	99	15	36	—	—	12	—	—	218
第19戦車師団	42	35	—	—	30	—	110	11	—	—	228
第20戦車師団	44	31	—	—	31	—	121	2	—	—	229
第211戦車大隊	—	—	—	—	—	—	—	—	—	?	?
第40z.b.V戦車大隊	—	—	—	—	—	—	—	—	—	?	?
第100火焔放射戦車大隊	—	—	—	5	—	—	—	1	42	9	82
第101火焔放射戦車大隊	—	—	—	5	—	—	—	1	42	—	73
第102火焔放射戦車大隊	—	—	—	—	—	—	—	—	—	?	?
合計	152	793	269	707	409	155	625	188	84	9	3391

(第211戦車大隊と第102火焔放射戦車大隊**、第40z.b.V戦車大隊***、それに Ⅳ号駆逐戦車202両で武装した軽駆逐戦車大隊7個の戦闘編制データは比較できていないが、少なくとも200～240両の戦車を保有していたのではないかと推察される。また、この表には、Ⅲ号突撃砲250両を配備した突撃砲大隊11個と突撃砲中隊5個、フランス製のオチキスH-38とシュナイダーS-35を装備、シャールB2火焔放射戦車24両と通常型シャールB1 6両を装備、戦車とＩ号戦車の総数は4,000～4,100両を下らないであろう：著者注)
(*：正確な保有車両数は不明だが、2個戦車中隊からなり、フランス製のオチキスH-38とシュナイダーS-35を装備 **：シャールB2火焔放射戦車24両と通常型シャールB1 6両を装備 ***：正確な保有車両数は不明だが、3個戦車中隊からなり、Ⅱ号戦車、旧式なⅠ号、Ⅱ号戦車を装備)

19・20：燃料タンク搭載の単車軸二輪車の使用は、戦車の戦闘時の行動力をはるかに高めた。

付記：写真19の戦車はIV号戦車B〜D型で、第10機甲師団の所属。写真20は第12戦車師団所属のII号戦車b型（以後の型とは異なる足まわり形状に注目）。

1941年6月時点で1万4,459門が配備されていた。ドイツ国防軍にはそれ以外にも、捕獲されたチェコスロヴァキア製の4.7cm対戦車砲とフランス製の4.7cm及び2.5cm対戦車砲が多数あった。新型の5cmPaK38対戦車砲（1941年6月時点で1,047門生産）は、ソ連国境に展開した部隊にはまだ配備されていなかった。PaK38対戦車砲が独ソ戦線に姿を現したのは、ようやく7月初めのことであった。対戦車砲のほかに、ドイツ国防軍部隊は2万5,000挺以上の対戦車銃を保有していた。定数によれば、歩兵師団1個につき対戦車砲75門と対戦車銃96挺が配備され、それは強力な対戦車戦を行うに十分であった。しかし、赤軍と戦闘を始めてみると、ドイツ軍の対戦車兵器はT-26やBT、T-37/38といった型の戦車に対しては有効であるが、T-34中戦車とKV重戦車には歯が立たないことが判った。

総司令部予備には独立軽駆逐戦車大隊7個があり、202両の自走

21：80馬力のディーゼルエンジンを搭載した6×6統制型ディーゼル2.5tトラックは軍用に特別開発された。ドイツ軍は1941年6月の時点でこのような車両を約1万台保有していた。
付記：6×6統制型（アインツハイツ）ディーゼル2.5tトラック。規格化という点はあまり成功しなかったが、6社で1933年～1940年に約1万300両が生産された。主に工兵用、回収車両に使用された。

22：ドイツ国防軍は大量の統制型路外機動用乗用車を保有し、司令部用にも、また兵器（例えば、2cm高射砲）の運搬にも用いられた。写真は、東プロシアで対ソ進撃を控えて整列した統制型路外機動用乗用車。
付記：この種の車両は軽・中・重クラスが開発された。写真は重クラスの車両。ステアリング方式（2輪転舵か4輪転舵か）、中央のスペアホイール軸の有無などでいくつかのタイプがある。重クラスは指揮車、無線車としても使用され、少数は2cm砲を搭載した対空車両としても使用された。

23：オペル・ブリッツはドイツ国防軍部隊に最も多く配備された車種のひとつである（1941年6月19日、北方軍集団）。
付記：オペル・ブリッツは戦前の商用トラックを改良したもので、1939年から1944年までにオペル社以外も含めて7万両以上が生産された。戦争全期間を通じて全戦線で使用された。

24：軍用の3tトラック、ヘンシェルType33は、キャブレターエンジン搭載型とディーゼルエンジン搭載型があった。
付記：ヘンシェルType33は1933年から1942年まで生産された。ガソリンエンジン型はType33D、ディーゼルエンジン型はType33G、Hと呼ばれた。

砲——4.7cm対戦車砲搭載Ⅰ号戦車B型（PanzerjägerⅠ：Ⅰ号戦車Pz.Ⅰの車台にチェコスロヴァキア製4.7cm対戦車砲を搭載した自走砲）——を保有していた。それらは、戦車集団や軍集団の増援部隊として活用された。その他、対仏戦の経験を踏まえ、半装軌式牽引車に搭載された砲を持つ高射砲大隊はすべて、対戦車射撃の追加訓練を受けた。ドイツ国防軍の自動車化レベルはかなり高く、1941年6月には60万台以上の各種自動車が配備されていた。そのうち約50万台はドイツ製で、残りはフランス製やベルギー製、オランダ製の捕獲車両であった。ドイツ製自動車の大半は、軍用に特別開発されたもの（装輪形式4×4と6×6の全輪駆動型）であったことは指摘しておかねばならない。また、牽引能力1〜18tの半装軌式牽引車が1万5,642両もあった。その大半はウインチを装備し、砲の輸送や撃破された戦車の回収、さらに兵器の運搬にも用いられた。表1からもわかるように、1941年6月1日時点でドイツ国防軍部隊に配備されたドイツ及びチェコスロヴァキア製の戦車と自走砲は6,000両以上を数え、フランス製、イギリス製、ベルギー製の捕獲車両を合わせるとこの数は9,000にも膨れ上がった。バルバロッサ作戦に直接投入されたのは、ドイツ国防軍の戦車と自走砲が4,000両以上と同盟国（ルーマニア、フィンランド、ハンガリー）の戦車約250両であった。戦車のほかに、ドイツ軍部隊は軽装甲自動車928台と重装甲自動車390台を保有していた。しかも、これらの車両はすべて特別設計の車台（4×4または8×8の装輪形式）を用いて開発され、道路上だけでなく、起伏の多い不整地でも走行できた（ちなみに、

25・27：Sd.Kfz.8 12t半装軌式牽引車は、いかなる火砲も牽引できただけでなく、装備されているウインチを使って、撃破された中型戦車を難なく戦場から回収することができた。
付記：Sd.Kfz.8は、ダイムラーベンツ社が開発したもので、1934年から1944年までに約4,000両が生産された。主に15cmカノン砲、21cm臼砲、10.5cm対空砲の牽引に使用された。

25

26：7.92mmMG34はドイツ軍歩兵部隊の主力機関銃であった。
付記：スイスのソロータン機関銃をベースに改良して開発された機関銃で、反動利用式で毎分800〜900発と極めて発射速度が高かった。重機関銃、軽機関銃両方に用いられる多目的機関銃で、後継のMG42が開発されても終戦まで生産、使用が続けられた。

23

28

29

28：Sd.Kfz.10 1t半装軌式牽引車
付記：Sd.Kfz.10は、デマーグ社が開発したもので、1939年から1944年までに約2万5,000両が生産された。部隊及び軽砲の牽引用で、車台はSd.Kfz.251のベースともなった。

30：Sd.Kfz.10 1t半装軌式牽引車に搭載された3.7cm対戦車砲は、ドイツ国防軍対戦車砲大隊の機動性を飛躍的に高めた。
付記：本来対戦車砲は牽引式であったが、Sd.Kfz.10の後部に搭載した車体も製作された。現地改造のため、野戦砲架そのままのものや、固定砲座、装甲、非装甲の各種バリエーションがあった。

30

31

29・31：2cm高射砲Flak30を半装軌式牽引車Sd.Kfz.10に装備したことは、ドイツ軍防空兵力の機動性を高め、行軍中及び戦闘時の友軍部隊の対空掩護を可能にした。

付記：2cm高射砲搭載1t半装軌式牽引車Sd.Kfz.10/4は、Sd.Kfz.10の後部荷台に2cmFlak30または38を搭載したもので、機関砲は外枠を倒して全周射撃が可能であった（写真29の車両の外枠には弾薬箱が取り付けられている）。空軍及び国防軍の対空部隊に装備された。写真31は国防軍の車両である。

25

32

33

34：対ソ戦開始時にドイツ国防軍戦車部隊が保有していたチェコスロヴァキア製35(t)戦車は198両を数えた。
付記：35(t)戦車は、シュコダ社の開発した軽戦車で、チェコ併合に伴いドイツ軍に接収された。優秀な軽戦車であったが、バルバロッサ作戦当時には完全に旧式化していた。

32：重量1.5tのクルップL2H143トラック（クルップ・ボクサー）は、3.7cm対戦車砲の運搬用に開発されたものである。
付記：水平対向エンジンを搭載し、ピストンが水平に動くことから、クルップ・ボクサーというニックネームがつけられた。1937年から1941年まで生産された。

33：クルップL2H143トラックのボディに3.7cm対戦車砲Pak35/36を装備したことで、ドイツ軍対戦車部隊の機動性が高まった。
付記：クルップ・ボクサーの荷台への3.7cm対戦車砲搭載は正規の方法ではなかったが、いくつも製作されていたことが知られる。写真のものは固定砲座を設けたかなり本格的なものである。

赤軍の装甲自動車はすべて、通常の装輪形式4×2または6×4の民生用前輪駆動車両を基に製造された）。こうしてみると、赤軍が戦車兵力において圧倒的な優勢を誇っていたという情報は、かなり誇張されたものであったことが明らかとなる（次章、「機甲科」参照）。

そして、バルバロッサ作戦のために各師団に配備された戦車はみな、必要な修理が施され、無線機が装備されていた。指揮戦車（Pz.Bef.）は、戦車の改造型で、より強力な無線装置を備え、戦闘中の部隊指揮をより効果的に行うことができた。

以上のほかに、ドイツ国防軍は赤軍に比べてより柔軟な部隊指揮システムを持ち、指揮官は戦闘中に独自の決断を下すことを恐れずにすんだ点も考慮されねばならない。さらに、ドイツ軍はすでに3年の戦闘経験を積んでおり、またソ連軍のように大規模な組織改変や部隊の再編成にさらされることもなかった。

35~38：ドイツ国防軍戦車部隊が1,119両保有していたⅡ号戦車（Pz.Kpfw.Ⅱ）は、戦闘能力、特に武装の点ではソ連のT-26軽戦車とBT快速戦車に及ばなかった。

付記：Ⅱ号戦車も本来、訓練用及び偵察用に開発された戦車であったが、戦車不足に悩むドイツ軍は準主力戦車として実戦用に使い続けざるを得なかった。生産は1937年から開始され、1942年12月までにa～b型100両、c～C型1,113両、F型524両が生産された。ここに掲載した写真はすべてc～C型の改修車両で、写真36は第12戦車師団、写真37は第7戦車師団の車両。

37

38

39・40：4.7㎝対戦車砲（t）（自走式）搭載Ⅰ号戦車B型（PanzerjägerⅠ：Ⅰ号戦車B型の車台にチェコ製の4.7㎝対戦車砲を搭載）は、ソ連のT-26とBTといった軽戦車に対してきわめて有効な兵器であることが判明した。

付記：この車両は、1940年3月から1941年2月までに202両が改装され、5個の対戦車砲大隊に配備された。

41：ドイツ国防軍部隊はBMW製と、ツュンダップ製（写真）の軍用オートバイを大量に保有していたため、活発な偵察活動を行い、友軍部隊間の連絡を維持することができた。

付記：ドイツ国防軍のオートバイ兵は、単なる伝令としてだけでなく、突撃部隊の一翼をも担って活躍した。250ccまでの小型、500ccまでの中型、500cc以上の大型の3種のなかで、主として大型が偵察部隊で使用された。750ccのBMW R75とツュンダップKS750が有名である。

第2章
開戦前夜の赤軍
СОСТОЯНИЕ КРАСНОЙ АРМИИ НАКАНУНЕ ВОЙНЫ

赤軍の統帥機関
ОРГАНЫ УПРАВЛЕНИЯ КРАСНОЙ АРМИЕЙ

42：キエフ特別軍管区の演習に参加する歩兵（1940年秋）。
付記：歩兵の携行している火器は、銃口に特徴的な長い銃剣を取り付けたモシン・ナガン小銃であろう。

43：円錐形砲塔と傾斜装甲板付箱型砲塔基部を持つT-26戦車1939年型と歩兵（1940年秋のキエフ特別軍管区の演習）。
付記：T-26はイギリスのビッカース社の6t戦車をもとに作られた軽歩兵支援戦車で、1939年型はその最終生産型。この型は1,975両が生産された。

　ソ連邦中央執行委員会とソ連邦人民委員会議は1934年3月15日付けの政令をもって、国防上の問題の解決を担当する機関としてソ連邦国防人民委員部を創設した。ソ連邦国防人民委員部の組織機構に編入された軍事組織や軍事教育機関、施設はすべて、正式には「労農赤軍」の名を冠していた。ソ連邦国防人民委員部が創設された当初はK・ヴォロシーロフ[注2]がそのトップの地位にあったが、1940年5月7日にS・K・チモシェンコ元帥[注3]が彼の後任に就いた。

　赤軍の直接的な統帥は、国防人民委員がその代理（全部で7名）と労農赤軍参謀本部を通じて行っていた。

　1938年3月13日にソ連邦国防人民委員部内に幹部の合議機関として中央軍事会議が創設された。議長は国防人民委員が務め、その席上では赤軍の最重要案件が審議された。中央軍事会議は通常毎月

[注2] 1881年生まれ。スターリンの同޴で、1934年に国防人民委員に任命され、赤軍の機械化を担当するが、成果を上げることなく交替させられた。（監修者）

[注3] 1835年生まれ。1939年、ポーランド侵攻でウクライナ方面軍を指揮、1940年にはフィンランド戦を指揮する。その後国防人民委員となり、ソ連軍の再編成にあたった。（監修者）

43

44

44：キエフ特別軍管区の演習に参加したKhT-133火焔放射戦車（1940年秋）。KhT（ハー・テー）シリーズは化学戦時代到来の脅威が叫ばれていた1930年代に、火焔のみならず有毒物質やその除去物質、煙などを発射する化学戦車（ヒミーチェスキー・タンク）として開発されたが、実戦では火焔放射型しか有効でないのが判明し、事実上、訓練以外の戦闘時には火焔放射戦車OT（オー・テー：オグネミョートヌィ・タンク）として使用された。

付記：T-26戦車の車体を使用した火焔放射戦車で、別名OT-133。火焔放射機の射程は30～50m。

表3. 1941年6月時点のソ連軍管区一覧

軍管区（方面軍）	司令部所在地	管轄地域	軍管区（方面軍）司令官
極東方面軍	ハバロフスク市	沿海地方、ハバロフスク地方	I・R・アパナーセンコ上級大将
アルハンゲリスク軍管区	アルハンゲリスク市	アルハンゲリスク州、ヴォログダ州、コミ自治共和国	V・Ya・カチャーロフ中将
ザバイカル軍管区	チタ市	イルクーツク州、チタ州、ブリャート・モンゴル自治共和国、ヤクート自治共和国、モンゴル人民共和国第17軍	P・A・クーロチキン中将
ザカフカース軍管区	トビリシ市	アゼルバイジャン共和国、アルメニア共和国、グルジア共和国	D・T・コズローフ中将
西部特別軍管区	ミンスク市	白ロシア共和国、スモレンスク州	D・G・パーヴロフ上級大将
キエフ特別軍管区	キエフ市	ヴィンニツァ、ヴォルイニ、ドロゴブイチ、ジトーミル、カメネーツ・ポドーリスキー、キエフ、リヴォフ、ローヴノ、スタニスラーフ、タルノーポリ、チェルノヴィーツィの各州	M・P・キルポノース大将
レニングラード軍管区	レニングラード市	レニングラード州、ムルマンスク州、カレリヤ・フィン共和国	M・M・ポポーフ中将
モスクワ軍管区	モスクワ市	ゴーリキー、イワノヴォ、カリーニン、モスクワ、リャザン、トゥーラ、ヤロスラヴリの各州、マリ自治共和国、モルドヴァ自治共和国、チュヴァシ自治共和国	I・V・チュレーネフ上級大将
オデッサ軍管区	オデッサ市	ウクライナ共和国のドニエプロペトロフスク、ザポロージェ、イズマイール、キロヴォグラード、ニコラーエフ、オデッサの各州、モルダヴィア共和国、クリミア自治共和国	Ya・T・チェレヴィチェンコ大将
オリョール軍管区	オリョール市	ヴォロネジ、クルスク、オリョール、タンボフの各州	F・N・レーメゾフ中将
沿バルト特別軍管区	リガ市	ラトヴィア、リトアニア、エストニアの各共和国	F・I・クズネツォーフ大将
沿ヴォルガ軍管区	クイビシェフ市	クイビシェフ、サラトフ、ペンザ、チカーロフの各州、沿ヴォルガドイツ自治共和国、タタール自治共和国	V・F・ゲラシメンコ中将
北カフカース軍管区	ロストフ・ナ・ドヌー市	クラスノダルスク地方、オルジョニキッゼ地方、ダゲスタン、カバルディノ・バルカル、カルムイク、北オセチア、チェチェノ・イングーシの各自治共和国、ロストフ州、スターリングラード州、アストラハン行政区	I・S・コーネフ中将
シベリア軍管区	ノヴォシビルスク市	アルタイ地方、クラスノヤルスク地方、ノヴォシビルスク州、オムスク州	S・A・カリーニン中将
中央アジア軍管区	タシケント市	カザフ、キルギス、トゥルクメン、タジク、ウズベク各共和国	S・G・トロフィメンコ少将
ウラル軍管区	スヴェルドロフスク市	キーロフ、モーロトフ、スヴェルドロフスク、チェリャビンスクの各州、バシキール自治共和国、ウドムルト自治共和国	F・A・エルシャコーフ中将
ハリコフ軍管区	ハリコフ市	ウクライナ共和国のヴォロシロフグラード、ポルターヴァ、スターリン、スームィ、ハリコフ、チェルニーゴフの各州	A・K・スミルノーフ中将

45：1940年秋のモスクワ軍管区の演習中に7.62mmマクシム機関銃を撃つ赤軍歩兵。
付記：マクシム機関銃は第一次世界大戦以来の定評ある機関銃であったが、重量が大きく機動性が低いことが欠点だった。水冷式で布製のベルト給弾式、発射速度は毎分520～600発であった。

[注4] 1896年生まれ。1939年ノモンハン事変で頭角を表す。キエフ軍管区司令官から参謀総長となる。（監修者）

[注5] 野戦管理部は平時の組織で、戦時には参謀部に改組される。（訳者）

3～5回開かれ、特に必要のある場合は臨時会議が召集された。そこで採択された決定は中央軍事会議令という形にまとめられ、国防人民委員指令や参謀本部またはソ連邦人民委員会議国防委員会の訓令によって実行された。ソ連邦国防人民委員部の中央管理機関は赤軍参謀本部であり、その長である赤軍参謀総長は国防人民委員第一代理を兼任していた。参謀本部は国防人民委員部のソ連軍の戦闘訓練・準備担当機関のすべてを統轄し、赤軍の戦略、作戦計画の策定に携わっていた。参謀総長には、G・ジューコフ上級大将[注4]が1941年1月14日をもって任命された。

統帥及び兵站の効率化と戦略・作戦上及び兵力動員上の観点から、ソヴィエト連邦の国土が16個の軍管区と1個の方面軍に分割された。各軍管区には軍管区司令官（方面軍司令官）がおり、それぞれの管区内に配置された赤軍部隊を統轄していた（ソ連邦国防人民委員部直属部隊を除く）。1941年6月22日時点の軍管区と方面軍の概要は表3の通りである。

極東方面軍野戦管理部[注5]が創設されたのは1940年6月であったが、これは現地部隊の統帥を容易にするためばかりでなく、ひとたび戦闘行動開始となった場合に、兵力動員を徹底することが実質的に不可能な特殊な地域状況を考慮してのことであった。それゆえ、大半の部隊はあらかじめ編成が完了していた。

ソヴィエト連邦西部国境の情勢緊迫化に伴い、1941年6月19日から21日の間にさらに4個の統帥機関——北西方面軍、西部方面軍、南西方面軍、南部方面軍が創設された。これらはそれぞれ、沿バル

表4. 1941年6月の赤軍野戦管理部駐屯地

野戦管理部番号	編成時期	駐屯地、所属	司令官
第1赤旗	1938年6月28日	スパースク市、極東方面軍	V・P・ヴァシーリエフ中将
第2赤旗	1938年6月28日	東クイビシェフカ市、極東方面軍	M・F・テリョーヒン戦車中将
第3	1939年9月	グロードノ市、西部特別軍管区	V・I・クズネツォーフ中将
第4	1939年8月	コーブリン市、西部特別軍管区	A・A・コロブコーフ少将
第5	1939年	コーヴェリ市東方15kmの森林、キエフ特別軍管区	M・I・ポターポフ戦車少将
第6	1939年8月	リヴォフ市、キエフ特別軍管区	I・N・ムズィチェンコ中将
第7	1940年	演習後の正規駐屯地（ペトロザヴォーツク市）への行軍途上、レニングラード軍管区	F・D・ゴレレンコ中将
第8	1939年9月14日	シャウリャイ市南西15kmの森林内指揮所、沿バルト特別軍管区	P・P・ソベンニコフ少将
第9	1941年6月14日	チラースポリ市、オデッサ軍管区	Ya・T・チェレヴィチェンコ大将（1941年6月22日正式任命）
第10	1939年	ベロストーク市、西部特別軍管区	K・D・ゴールベフ少将
第11	1939年	カウナス市西方の指揮所、沿バルト特別軍管区	V・I・モローゾフ中将
第12	1939年	スタニスラーフ市、キエフ特別軍管区	P・G・ポネジェーリン少将
第13	1941年5月5日	モギリョーフ駅の鉄道列車内、西部特別軍管区	P・M・フィラートフ中将
第14	1939年11月29日	ムルマンスク市、レニングラード軍管区	V・A・フロローフ中将
第15	1940年6月21日	ビロビジャン市、極東方面軍	L・G・チェレミーソフ少将
第16	1940年6月21日	スタロコンスタンチーノフ市、キエフ特別軍管区（一部はザバイカル軍管区からの移動ルート上に配置）	M・F・ルキン中将
第17	1940年6月21日	ウラン・バートル市（モンゴル人民共和国）、ザバイカル軍管区	P・L・ロマネンコ中将
第19	1941年5月29日	6月10日チェルカースィ市到着、最高総司令部予備	I・S・コーネフ中将
第20	1941年6月	オリョール市、最高総司令部予備	F・N・レーメゾフ中将
第21	1941年5月	6月21日に鉄道でクイビシェフから西部特別軍管区へ移動	V・F・ゲラシメンコ中将
第22	1941年5月	スヴェルドローフスク市、最高総司令部予備（6月22日の開戦直後に前線へ移動）	F・A・エルシャコーフ中将
第23	1941年4月23日	ヘイニオキ村、レニングラード軍管区	P・S・プシェンニコフ中将
第25	1941年3月18日	ヴォロシーロフ市、極東方面軍	F・A・パルシーノフ中将
第26	1940年7月	サンボル市、キエフ特別軍管区	F・Ya・コステンコ中将
第27	1941年4月23日	リガ市、沿バルト特別軍管区	N・E・ベルザーリン少将

46：7.62mmトカレフ自動小銃SVTで武装した赤軍歩兵（1941年）。
付記：トカレフ自動小銃SVTは信頼性に欠けるため、完全にモシン・ナガンと交替することはなかった。写真手前右の兵士は円盤型弾倉が特徴的なデクチャリョーフ軽機関銃を携行している。

ト特別軍管区、西部特別軍管区、キエフ特別軍管区、モスクワ軍管区の司令部を中核として編成された。しかし、開戦までに編成を完了させることは間に合わなかった。

　ソ連陸軍部隊の最上級統轄組織は軍と呼ばれ、通常は狙撃兵軍団数個と機械化軍団1個、航空師団1個、砲兵、通信、工兵の各部隊、後方の機関や施設類を抱えていた。1941年6月22日時点で赤軍には25個の各軍野戦管理部があった（表4参照）。

　独ソ戦が始まる前の数年間は、1938年～1942年期労農赤軍発展再編5カ年計画が軍事力建設の基礎として位置付けられていた。この計画によれば、ソ連が侵攻された場合、赤軍は国の東と西の両面で同時に敵の攻撃に反撃し、戦闘行動の舞台を敵領内に移すことができる態勢になければならない、とされた。

　しかし、第二次世界大戦の成り行き、とりわけ冬戦争[注6]の経験はソ連指導部に労農赤軍の戦闘能力向上を目的とした再編成を行う必要性を痛感させた。この課題を実現すべく、1940年6月に中央軍事会議の中に各兵科の現状を調査するいくつかの小委員会が設置された。これらの小委員会の提言が軍事力再編の基礎ともなったのであるが、その要点は概ね、正規軍人員の増加、新型の兵器・装備の配備、労農赤軍参謀・統帥機関の再編、将校の指揮能力と各部隊戦闘能力の向上、に集約される。この作業は非常に広汎な規模で計画されたが、戦争開始までに完了することはできなかった。

[注6] 1939年～1940年のソ芬戦争。ソ連軍指導部は、この戦争に簡単に勝利できると考えていたが、フィンランド軍の善戦によって大損害を被った。（監修者）

47

47・49：行軍中のハンドル型アンテナを装備したBT-7快速戦車1935年型（1939年）。
付記：BT戦車は、アメリカの発明家クリスティの開発した戦車の発展型である。写真の車両は無線機を装備したBT-7RT型で、2,017両生産された。写真49奥の車両はノーマルのBT-7と思われ、こちらは2,556両が生産された。

48：キエフ特別軍管区の演習を視察するS・チモシェンコ国防人民委員（左端、1940年秋）。

付記：チモシェンコは、内戦以来スターリンの盟友であった。軍事的にも有能であったがドイツ軍のソ連侵攻をくい止めることはできなかった。

戦略・作戦計画
ОПЕРАТИВНО-СТРАТЕГИЧЕСКОЕ ПЛАНИРОВАНИЕ

　おもな戦略・作戦計画は独ソ開戦前に赤軍参謀本部で練られていた。その中心となるのは、開戦初期の各戦略的作戦の目的と課題に沿った赤軍諸部隊の組織的な展開と、戦闘活動への移行を保証すべき内容が盛り込まれた作戦計画であった。この計画は、軍事力の戦略的展開の基本に関する政府訓令と各方面軍の課題及び兵力の戦略的展開の手順を必要な地図・付表を添えて指示するメモ、軍事行動地域における兵力集結のための戦略輸送計画、戦略的展開の援護と後方体制の整備、兵站、通信、軍事輸送、防空体制その他に関する諸計画を包含していた。

　ポーランド分割およびバルト諸国併合という外交情勢の急変と1939年から1940年にかけて西部国境の各軍管区（以下、西部国境軍管区という場合、沿バルト特別、レニングラード、西部特別、キエフ特別、オデッサの5軍管区を指す）で大幅な兵力再編成が実施されたことから、1938年11月に政府が承認した作戦計画は見直されなければならなくなった。冬戦争の後、赤軍参謀本部は1940年半ばまでに『1940年及び1941年の西部及び東部におけるソヴィエト連邦軍事力の戦略的展開の基本に関する考察』を作成した。しかし、赤軍をバルト諸国や北ブコヴィーナ[注7]、ベッサラビア[注8]に派兵し、新しく部隊を編成するには、この計画を大幅に詰める作業が必要であった。

　対ソ侵攻の事態が発生した場合の赤軍の戦闘行動はだいたい次のように予定されていた。積極的防衛戦の第1段階は、ソ連軍諸部隊を結集するあいだ国境を固守し、敵のソ連邦領内への侵入を防ぐ。第2段階では、各方面軍主力部隊の強力な反撃により敵に決定的な打撃を与え、ヴィースラ川に到達し、それからクラクフ、ブレスラウへと攻撃を拡大、その後オーデル川上流を目指すことになっていた。

　対ソ侵攻を想定した軍事行動としてはふたつのシナリオ、すなわち「北方シナリオ」と「南方シナリオ」があった。
「南方シナリオ」で主役を担うのは南西方面軍で、ルブリン〜ブレスラウ方面での強力な攻撃により、第1段階においてドイツをバルカン半島諸国から切断し、バルカン諸国を戦線離脱させ、ナチス帝国の重要な経済基地を喪失させる任務を負っていた。
「北方シナリオ」では、主力部隊が展開されるのはブレスト北方とされていた。そして、要塞地帯に依拠しながら20日間にわたって

[注7] ルーマニア北東部からウクライナ共和国チェルノヴィーツィ州。（訳者）

[注8] ソ連南西部ドニェストル川からルーマニアの間。（訳者）

ミンスク方面とプスコフ方面を積極的に防衛することになっていた。動員発令後25日目に西部方面軍と北西方面軍（狙撃兵師団約105個、戦車約5,500両、航空機約5,500機）は攻撃に転じ、東プロシアを占領しなければならなかった。これと同時に、南西方面軍は一部の兵力をもって西ウクライナとベッサラビアを防衛し、イヴァンゴーロドからルブリンにまたがって展開している敵部隊を壊滅させ、ヴィースラ川中流に到達することになっていた。1940年9月18日、『1940年～1941年の西部及び東部におけるソヴィエト連邦軍事力の戦略的展開の基本』は政府の審議に提出された。10月14日にこの計画はスターリンによって署名されたものの、南西方面軍の傘下にさらに強力な主力部隊を配置、展開させることを想定して計画を仕上げるよう、参謀本部に対する指示が付け加えられた。

　各部隊の展開、行動に関するあらゆる計画の策定は、1941年5月1日までに完了させるよう予定されていた。しかし、1941年に赤軍内部の大規模な組織機構改革が行われていたことに伴い、ソ連軍事力の戦略的展開に関する計画の修正案は3月11日に国家指導部に提出されたものの、結局は承認されなかった。

　5月15日に、ドイツ及びその同盟国との間に戦端が開かれた場合の戦略展開計画に関する考察を含めた覚書が作成された。この『ソヴィエト連邦軍事力の東西戦略展開計画に関する考察』案は、参謀本部のA・ヴァシレーフスキー作戦副局長のサインが入っていた。そのなかでは、ドイツが当時すでに自国の軍隊を総動員し、後方体制も整えており、部隊の展開をソ連側に予告し、奇襲攻撃を発起する可能性を持っていると指摘されている。このような事態を避けるために、ドイツ軍がまだ展開途上にあって前線部隊の編制や各兵科間の連携を組織できていないうちに、敵を叩くことが想定された。敵の奇襲攻撃を防ぎ、ソ連軍の集結と展開を援護するために、堅固な防衛態勢と国境防衛を組織し、西部国境軍管区の全兵力と西部方面担当の航空機ほぼ全機を投入することが計画された。また、最高司令部予備は5個軍を配下におくことになっていた。

　最近ロシア国内で出版されている多くの文献には、この文書を引用して、ソ連による対独攻撃が準備されていたのだとする解釈が提示されている。さらに、この5月15日付けの作戦計画にスターリンとチモシェンコとジューコフがサインをしたとか、この3人が口頭で計画の採用を決めたのだという見方が、新聞や雑誌などでしばしば主張されている。しかし実は、そのことを証明する資料はないのである。ヴァシレーフスキーのサインが入ったこの文書には、スターリンやチモシェンコやジューコフが残したような決裁や注記の跡はまったく見られない。さらに、この計画がソ連政府や、あるいはスターリン個人に提出された証拠さえないのである。今に残るこの

文書を実際に手にとって見ると、それは字句の修正や挿入の跡がたくさん残っている草稿であり、国家の指導者たちにこのまま提出されたとはとても思えない。しかも忘れてはならないのは、この文書は、（参謀本部やスターリン、またはチモシェンコの公文書ファイルの中ではなく）1948年までA・ヴァシレーフスキー個人の金庫に保管され、そこから公文書館に引き渡されたという経緯である。こういうことからすると、この覚書は事務レベルの下書きであって、実際に採用された作戦計画であるとすぐさま断定はできないと考えるべきであろう。

　国境防衛の措置はすべて、平時に策定された『国境防衛計画』を基に実行されていた。この計画は軍事力戦略展開計画の一部でもあった。各軍管区内での国境防衛計画作成は、ソ連国防人民委員訓令にしたがって進められていた。最も大きな変更を強いられたのは、西部特別及びキエフ特別両軍管区の防衛計画であった。これらの軍管区の防衛計画作成を指示する一連の訓令にS・チモシェンコが最後の署名を終えたのは1941年初めのことであった。計画の参謀本部への提出期限は、1941年5月25日とされた。しかし、各軍管区司令部が国境防衛計画を取りまとめたのは開戦間近であり、参謀本部は6月10日から20日にかけてようやくそれらを受け取ることができた。当然、その内容を吟味し承認する時間はなかった。だが、このことは、各部隊が具体的な戦闘課題も持たずに戦争に突入したという意味ではない。各軍レベルの防衛計画は基本的に承認済みであり、各部隊の課題も規定され、それぞれの戦闘課題遂行に向けた態勢が常に維持されていた。

　国境防衛計画の中で重要な意義が付与されていたのは、部隊集結の順次性である。大まかに言えば、国境に最も近い部隊は戦闘警報発令とともに、計画で指示された防御地区の戦闘配置に就き、警報発令から45分後には、最前線各師団から特別に選抜された部隊が強化狙撃兵大隊として防御態勢をとることになっていた。それらは、国境警備軍と要塞地帯の戦闘行動を支援する任務を負っていた。さらに、戦闘警護を受けながら、国境防衛担当各軍最前線師団の部隊が前進を開始する手はずになっていた。それらの師団の先鋒は、3〜9時間後には防御戦闘の態勢にあらねばならなかった。そして、これらすべての部隊は、常時臨戦態勢下にあることが求められていた。国境防衛計画は、戦闘警報発令の際は自動的に、その他の場合はソ連国防人民委員の「1941年防衛計画の遂行に着手せよ」という、暗号電報による指令で実行に移されることとなっていた。しかしながら、この実行手順は敵の奇襲を想定したものではなかった。

　暗号電報が多くの段階を経て伝達される仕組みとなっていたため、暗号化→伝達→暗号解読のプロセスに時間がかかり、最重要指

50：ある戦車部隊でのBT-2戦車とT-26戦車1939年型の整備作業（1941年春）。
付記：BT-2は1932年から1933年にかけて生産され、写真の37mm砲装備型と機関銃装備型があった。37mm砲装備型は208両が生産された。

令が部隊にタイムリーに届かない恐れをはらんでいた。それに、敵が指揮連絡系統の連環を断ち切る可能性も忘れ去られていた。そのうえ、この通信連絡システムは、2、3段階下のレベルでの連絡を確実に維持することもできなかった。軍の動員と展開にあたり、各種暗号や暗号地図、無線信号表によって部隊指揮の機密性を保持するため、電報、とくに電話による直接的な交信は厳しく禁じられた。

戦闘警報には、兵器を待機させておくものと、兵器を展開させるものとのふた通りがあった。完全臨戦態勢の準備にかかる時間は、狙撃兵[注9]、砲兵、騎兵にあっては夏季2時間、冬季3時間、また、戦車（機械化）部隊にあっては夏季2時間、冬季4時間と定められた。装備が温室ガレージ内にある場合は、冬季臨戦態勢移行目標時間が1時間短縮された。当直部隊のそれは、45分間であった。

戦闘警報について各部隊で行われたさまざまな準備は、概ねよく考えられていた。各部隊では、警報による起床、集合の訓練が続けられ、通信連絡班の作業能力向上が図られた。また、戦闘警報演習が計画上ばかりでなく、計画外にも実施された。

以上の各計画を評価する上で、突然の戦争開始と、独ソ双方の高い機動性をもった戦闘行動が展開される可能性も想定されていた点を指摘せねばなるまい。それゆえ、最前線には強力な部隊を配置しておく必要があった。ところがその一方で、国境防衛を担う各軍についても、危険な時期でさえ総動員実施のために十分な時間を割り当てることを前提にして、すべてが計画されていたのであった。ドイツ軍が進撃の準備を完全に整えていることは忘れられ、しかもドイツ国防軍の力が過小評価されていた。こういったことはみな、迫り来る戦争に向けた国家と軍隊が準備を進めていくうえで深刻な誤算を招くことになるのである。

[注9] 歩兵のこと。ソ連軍では歩兵を狙撃兵と呼びならわす。
（監修者）

動員展開
МОБИЛИЗАЦИОННОЕ РАЗВЕРТЫВАНИЕ

　開戦前夜の動員計画策定はきわめて困難な条件下で進められた。膨大な作業を短期間に遂行せねばならず、1940年5月から1941年6月までの間に動員計画の根本的な見直しが4回も行われた。その結果、過誤や調整不足、不正確な計算などが多く、動員計画の出来は良くなかった。しかし、それ以上のものを期待するのも難しかった。なぜならば、赤軍内では組織機構改革が間断なく行われ、人員数は常に変化し、各部隊の定数は整備されていなかったからである。3,060あった編成定数と定数表のうちの半分は、臨時的なもので再検討を要した。部隊の駐屯地も一定せず、編成替えがしばしば行われた。

　1938年～1939年期の赤軍動員計画『モブプラン第22号』が国防委員会で承認されたのは、1937年11月27日のことである。しかし、大規模な部隊の再編と配置転換が行われた後の1940年春には、この『モブプラン第22号』はもはやまったく非現実的なものになってしまっていた。

　1941年2月12日、参謀本部は政府に新しい動員計画『モブプラン第23号』（当時の書類ではしばしば『MP-1941』とか『MP-41』と呼ばれていた）を提出し、それは入念に検討された後に承認された。この新しい動員計画に関する各種書類の作成作業はすぐさま開始

51：キエフ特別軍管区の演習に参加する歩兵と砲兵（1940年秋）。

52：模型訓練装置を使っての戦車操縦訓練。
付記：当時の戦車は（ロシアの戦車に関しては今日も）左右のレバーを使用して操向する方式で、ちょっとした熟練が必要であった。

し、1941年7月1日までに完了するよう命じられた。

『モブプラン第23号』によると、赤軍の動員は秘密裡かつ公然のふた通りで実施することになっていた。秘密裡に進めるのは、個々の軍管区や部隊の動員で、大・小部隊はソ連邦政府特別決定にしたがって、いわゆる『大教育召集』の形で充足された。兵役義務者予備の召集、また部隊に配備されるべき民生用自動車やトラクター、馬匹の供出は、ソ連国防人民委員特別指令に基づいて実行された。

ソ軍全軍または個々の軍管区の公然とした動員は、ソ連邦最高会議幹部会令によって実施された。この場合の兵役義務者予備の召集、民生用自動車、トラクター、馬匹の供出は、官報として公表されるソ連国防人民委員指令に従って実行された。全赤軍の総動員は、動員発令から30日の間に順次進めることとされていた。

国境防衛担当各軍の配下にあった部隊は、2段階に分けて動員することになっていた。第一陣（国境防衛各軍の114個師団、西部国境要塞地帯、防空軍の85％、空挺部隊、空軍の75％以上、最高総司令部予備砲兵34個連隊）の行軍進発準備時間は、2時間から6時間までと定められた。国境防衛各軍配下の狙撃兵、戦車、自動車化の各師団は、戦時編制定数への移行にあたって、実人員数の25〜30％をさらに受領するはずであった。第二陣の部隊は、動員発令後2〜3日間以内に進発準備を整えることとされた。

1941年6月22日の時点で303個を数えた赤軍の全師団（狙撃兵師団198個、戦車師団61個、自動車化師団31個、騎兵師団13個）のうち、動員発令後2〜4日目までに完全臨戦態勢に移行すべき師団は172個で、4〜5日目にはさらに60個師団が、そして残る師団

45

表5. 1941年6月1日時点の赤軍陸軍兵力データ

兵力・装備	赤軍全体	レニングラード軍管区	沿バルト特別軍管区	西部特別軍管区	キエフ特別軍管区	オデッサ軍管区
将兵	5224066	404470	369702	671165	907046	164671
小銃・騎銃	7354999	591282	374425	773445	1035420	301104
機関短銃	89517	7515	15565	24237	15483	1831
軽・重機関銃	235584	15775	14919	27574	35267	?
DShK機関砲	1878	150	97	98	174	118
野砲	48647	2986	3546	6437	7790	2810
迫撃砲	53117	3687	2969	6610	6972	3360
高射砲	8680	1228	504	1138	2221	429
砲小計	110444	7901	7019	14185	16983	6599
戦車	25932	1977	1646	3345	5894	1119
トラック	193218	20481	13525	24925	34779	?
その他各種自動車	78972	8287	5586	10177	14251	?
トラクター・牽引車	42931	4249	2978	5706	8144	?
馬匹	498493	31520	38826	68648	74917	?

は6〜10日目までに準備を完了することになっていた。その他の戦闘部隊、各方面軍の後方部隊、軍事教育施設は、8〜15日の間に態勢を整えなければならなかった。

　各軍管区の動員態勢を1941年4月から5月にかけて検査した赤軍参謀本部は、不備な点は多々あるものの、動員通知、兵役義務者予備召集、自動車及び馬匹の供出と部隊配備の手順を概ね整備することができたと判断した。

　『モブプラン第23号』によれば、動員展開後の赤軍兵力は、将兵89万人、航空機3万2,628機（うち戦車用航空機2万2,171機）、火砲及び迫撃砲10万6,000門以上、戦車約3万7,000両、装甲自動車1万679両、トラクター約9万1,000台、自動車59万5,000台に上るはずであった。

　しかし、1941年当時の工業生産力では、軍の要求する戦車の71％、戦闘用航空機の67％が満たされたに過ぎなかった。実際の定数充足率は、戦車60％、高射砲65％、通信及び工兵の装備50〜75％、燃料及び潤滑資材の供給・輸送装備20〜35％であった。『モブプラン第23号』が求める赤軍の兵器・装備の完全充足は、その5年後にしてようやく実現可能なものであった。1941年春の時点ではこの計画は非現実的で、そこで採用された軍の動員展開方法は、敵がすでに国境に集結している条件下では、誤りといえた。

　戦時経済計画に基づいて工業生産の動員を達成するまでの、戦争初期における部隊の戦闘能力回復と新規編成部隊の定数充足に必要な兵器や装備の予備は、欠如していた。動員体制下での弾薬消費量は、第一次世界大戦の経験と1930年代半ばに規定された激戦1日

53：開戦時の赤軍には1万挺以上のDS機関銃が配備されていたが、その操作はかなり複雑であった。1941年春、射撃演習場『ヴイストレル』（射撃の意：訳注）にて。

分の弾薬消費量を基準として算定された。国防人民委員部が1940年に政府に提出した動員要請は、工業生産の更なる動員なくしては満足されえないものであった。

1941年の2月から3月にかけて、ソ連の国家と軍の幹部の決定に従って、赤軍の大動員展開プログラムがさらに詰められた。軍の再編は各参謀部や部隊の計り知れぬ努力と膨大な作業を要した。それでも、この基本的な措置が完了するのは、ようやく1942年のことと予定されていた。

もっとも困難な課題として残ったのは、軍用に自動車その他の輸送手段を確保することであった。多数の部隊、とりわけ機甲部隊の動員の結果、民生用の貨物車両や特殊車両を全部供出したとしても、軍隊の動員に必要な量の81％しか充足させることができなかった。半装軌式トラックにいたっては、充足率は70％に過ぎなかった。計画では、産業用及び民生用の自動車34万7,000台とトラクター約5万台、それにオートバイ5万4,000台が軍用に供出されるはずであった。不足の自動車8万7,000台については、1941年度生産分で補うこととされた。軍用自動車両の確保は、46％にも上る民生用自動車が実用に適さなかったことからいっそう困難となった。トラクターも満足できる状態にはなく、動員発令の際に供出できたのはわずか57％に過ぎない。こうして、各軍管区が開戦までに現実に確保できた自動車などの輸送手段は、計画されていた量をはるかに下

回っていた。師団によっては、動員上登録された自動車輸送手段を確保できたとしても、教習を受けた運転手の数が足りなかったため、状況はもっと複雑であった。

　1941年の4月～5月は、ソ連西部国境情勢が緊張の度を増したことから、国防人民委員部と参謀本部は政府の同意を得て、『大教育召集』の名の下に兵役義務者予備の動員を密かに開始した。14個の軍管区にある部隊や兵団を強化する課題が立てられ、独ソ開戦までに80万2,000人以上が「教育召集」を受けたが、この数は『モブプラン第23号』で予定された人員の24％に相当した。4月26日、参謀本部はザバイカル軍管区と極東方面軍それぞれの軍事会議に対して、機械化軍団1個、狙撃兵軍団2個（計9個師団）、空挺旅団2個を西方へ派遣できるよう準備せよとの命令を出した。

　5月13日から22日にかけて、ウラル軍管区、沿ヴォルガ軍管区、ザバイカル軍管区は、参謀本部から3個軍（第22、第21、第16軍）の西部国境への移動開始を指示する命令を受け取った。陸海軍の動員は、指揮、政治、技術部門の人員定数拡充も必要とした。一触即発の情勢を踏まえ、スターリンは国防人民委員部が提出した軍学校教習生の繰り上げ卒業の提案を承認した。1941年5月13日付けソ連国防人民委員指令第0170号により、若年士官と政治将校が各部隊に配属された。5月16日、西部国境軍管区は新国境上の要塞地帯建設加速化の指示をずいぶん遅れて受け取った。このときまた、参謀本部は国境防衛部隊が弾薬を、車庫に封印されている可動戦車の中に直接保管することを許可した。しかし、開戦までにこれらすべての措置を完了するには時間が足りなかった。

　ソ連指導部は6月21日23時30分、5個の国境軍管区を部分的に戦闘態勢に移すことを決定した。国防人民委員部訓令には、作戦計画や動員計画で規定された完全臨戦態勢移行措置の一部のみを実行するよう指示してあった。6月22日0時30分、訓令は西部国境の各軍管区に発せられた。ところが、訓令解読と各部隊への通知にかなりの時間がかかってしまった。例えば、西部特別軍管区司令部は訓令を1時45分に受け取ったが、管区内の各軍に転送したのは2時35分、各軍にそれが実際に届いたのは明け方3時になる頃であった。しかも、事前に作戦計画書類に記されていた、「1941年防衛計画の遂行に着手せよ」というシグナルの代わりに各部隊が受け取ったのは、防衛計画実施を制限する内容の暗号訓令であった。そうこうしているうちに……3時15分、ドイツ軍は戦闘行動を発起した。

士官
КАДРЫ

　1941年1月1日時点の陸海軍士官は57万9,581人を数えた。その内訳は、陸軍42万6,942人、空軍11万3,086人、海軍3万9,533人である。

　将校の軍事教育レベルは次のデータから判断できる——高等軍事教育修了者7％、中等軍事教育修了者60％、短期教育修了者25％、軍事その他専門教育を受けていない者12％。高等軍事教育を修了した将校の占める割合は、1936年に比べて半分以下に落ちていた。

　士官層は、1937年から1941年にかけて続いた根拠のない政治的粛清と逮捕の嵐に大きな打撃を蒙った。1937年5月から1939年9月の間だけでも、赤軍（海軍を除く）内で粛清されたものの数は3万6,761人に上った。ここで指摘しておかねばならないのは、1939年〜1940年にわたって名誉回復され、軍務に復帰した将校が1万3,000人以上もいたことである。しかし、この粛清がもたらした最も恐るべき影響は、指揮官がイニシアチブを発揮する精神を根元から刈り取り、決定を下すことに対する恐怖心を植え付けたことであった。それゆえ、下は中隊長から上は軍管区司令官にいたるまで、些細な件でさえも上位機関と相談せずには決定を下すことができず、自ら責任をとることを恐れたのである。開戦当初において指揮官が自ら決断することを恐れたがために支払った代償は小さくなかった。

　赤軍の士官層には、ロシア革命後の国内戦や張鼓峰およびノモンハン事件、そして中国、スペインの内戦で戦った経験者もいた。また、冬戦争や白ロシア、ウクライナ両共和国西部への遠征に従軍した者もいた。しかし、戦闘経験を有する将校の割合は全体的にみて多くはなかった。1941年6月の時点で赤軍に残っていた革命戦の経験者は約6％に過ぎず、1938年〜1940年の間に戦闘経験を積んだ者は30％であった。

　将校全体に占める共産党員及びコムソモール（共産青年同盟）員の割合は比較的大きく、ソ連共産党員及び党員候補は54％、コムソモール員が26％であった。彼らは年齢的に若い指揮官が中心で、25歳以下は29％、26歳以上35歳以下は57％、36歳以上45歳以下は13％、そして45歳より上はわずか1％に過ぎなかった。

　軍学校はじめ各種専門学校やさまざまな教習コースが多数あったわりには、卒業した将校のレベルは高いとはいえなかった。軍事に詳しい熟練教官は少なく、選抜された教習生たちの普通教育、技術教育の水準も低く、教材が時代遅れで、教育カリキュラムに二義的

54

科目がたくさん盛り込まれていたというのが、当時の軍学校の実情であった。それゆえ、士官の教育水準は低く、時代の要求に応えることができなかった。

　お粗末な教材・教育設備と将校の経験不足から、戦闘訓練は望ましい成果を上げなかった。それゆえ、各司令部・参謀部の事務処理能力は低レベルで、近代戦の複雑な条件下で部隊を統御することができなかった。1940年12月の赤軍司令官会議では次のような指摘の声が聞かれた──「戦闘訓練は、現在も両足を引きずったまま進んでいる」。

54：狙撃兵部隊と戦車部隊の共同演習で、T-37戦車A型の後に続いて移動する兵（キエフ特別軍管区、1940年夏）。
付記：T-37戦車は小型の水陸両用戦車で、武器は機関銃のみ、装甲は9mmと戦闘能力は低かった。

狙撃科
СТРЕЛКОВЫЕ ВОЙСКА

　狙撃兵部隊は、独ソ開戦前夜において最多人員を擁する兵科であった（陸軍全体の50％以上）。第二次世界大戦が始まってから、狙撃兵部隊の数は倍以上に増加した。1939年9月1日時点で、赤軍には狙撃兵軍団25個と狙撃兵師団96個、自動車化師団1個があったが、1941年6月1日には狙撃兵軍団が62個、師団は198個（狙撃兵師団177個、自動車化狙撃兵師団2個、山岳狙撃兵師団9個）に膨れ上がり、それに狙撃兵旅団3個が加わった。

　狙撃兵軍団は、ソ連陸軍の上級作戦部隊であった。軍団は基本的に各軍の指揮下にあったが、独立でも存在しえた。通常、狙撃兵軍団は、狙撃兵師団2～3個、砲兵連隊1～2個、高射砲大隊、工兵大隊、通信大隊各1個、それに飛行大隊1個の編制となっていた。砲兵連隊には、3個大隊編制と4個大隊編制の2種類があった（砲の配備数は、それぞれ36門と48門）。3個大隊からなる連隊は通常、107㎜カノン砲12門、122㎜カノン砲12門、152㎜榴弾砲12門を保有するか、または152㎜榴弾砲36門のみの武装であった。4個大隊編制連隊は、107㎜カノン砲12門、122㎜カノン砲12門、152㎜榴弾砲24門で武装していた。1941年6月には、狙撃兵軍団に所属する砲兵連隊は94個を数えた。1941年6月22日時点の赤軍狙撃兵軍団の編制は表6の通りである。

　1939年9月から独ソ戦勃発までの間に狙撃兵師団の定数は3回変更されたが、それは、狙撃兵師団の機動性と火力の向上につながった一方で、戦闘能力の低下を招くことになった。独ソ開戦直前の編制定数は1941年4月5日に承認されたが、それまでの狙撃兵師団の平時定数には3種類あった。すなわち、「標準師団」と呼ばれた1万2,000人を抱える師団と6,000人までに減らした「縮小師団」、それに定数8,816名の山岳狙撃兵師団である。新しい定数によれば、狙撃兵師団1個は、狙撃兵連隊3個、野砲連隊及び重砲連隊各1個、独立高射砲大隊1個、対戦車砲大隊1個、偵察、自動車輸送、衛生、通信の各1個大隊、化学戦中隊1個、管理小隊1個、野戦パン製造所の編制となった。同時に、狙撃兵師団の人員定数は約20％縮小された。これは、砲兵連隊が2個に増え、迫撃砲と自動火器の定数が増えたことも相まって、師団の火力を高めることにつながった。動員発令によって、すべての師団は動員計画に予定された人員と装備で増強され、戦時編制に移行した（表7参照）。

　自動車化狙撃兵師団は2個（第36及び第57）だけで、両方ともザバイカル軍管区第17軍に所属していた。これらの師団は、モンゴ

表6. 1941年6月の赤軍狙撃兵軍団

軍団番号	司令部駐屯地	所属	軍団長（任命日）;編制
特別	アレクサンドロフスク・サハリンスキー市	極東方面軍	軍団長不明;79sd/101gsd/187kap
第1	ヴィーズヌ村（その前はベロストーク市）	西部特別軍管区第10軍	F・D・ルプツォーフ少将（1940年4月27日）;2,8sd
第2	ベロストーク市南方で演習実施（その前はミンスク市）	西部特別軍管区	A・N・エルマコーフ少将（1940年7月29日）;100,161sd/151kap（6月15日に司令部は配下部隊とともに国境方面へ移動開始）
第3	クタイシ市	ザカフカース軍管区	S・I・チェルニャーク中将（1940年4月11日）;4sd/20,47gsd
第4	グロードノ市	西部特別軍管区第3軍	E・A・エゴーロフ少将（1940年2月15日）;27,56,85sd/152,444kap
第5	ザンブロフ市	西部特別軍管区第10軍	A・V・ガールノフ少将（1939年2月10日）;13,86,113sd
第6	ヤヴォーロフ市	キエフ特別軍管区第6軍	I・I・アレクセーエフ少将（1940年7月29日）;41,97,159sd/209,229kap
第7	ドニェプロペトローフスク市	最高総司令部予備	K・K・ドブロセールドフ少将（1938年2月15日）;116（または147？）,196,206sd/272,377kap
第8	ペレムイシュリ市	キエフ特別軍管区第26軍	M・G・スネーゴフ少将（1940年8月8日）;99,173sd/72gsd/233,236kap
第9	シンフェローポリ市	オデッサ軍管区	P・I・バートフ中将（1941年6月19日）;106,156sd/32kd/268kap/73obs/19osb
第10	ヴァルニャイ村地区の森林	沿バルト特別軍管区第8軍	I・F・ニコラーエフ少将（1940年6月4日）;10,48,90sd/47,73kap/54obs/242ozad
第11	スカウドヴィルス村地区の森林（その前はタウラゲ市）	沿バルト特別軍管区第8軍	M・S・シュミーロフ少将（1938年4月7日）;11,125sd/51kap/39ozad
第12	ボールジャ駅	ザバイカル軍管区	D・E・ペトローフ少将（1941年1月18日）;65,94sd
第13	ストルイ市	キエフ特別軍管区第12軍	N・K・キリーロフ少将（1938年2月13日）;44,58,192gsd/283,468kap/38obs/115osb
第14	ボルグラード市	オデッサ軍管区第9軍	D・G・エゴーロフ少将（1941年1月17日）;25,51sd/265kap
第15	コーヴェリ市	キエフ特別軍管区第5軍	I・I・フェデューニンスキー大佐（1940年）;45,62sd/231,264kap/38osb
第16	コズローヴァ・ルーダ村（その前はカウナス市）	沿バルト特別軍管区第11軍	M・M・イワノーフ少将（1941年1月17日）;5,33,188sd/270,448kap
第17	チェルノヴィーツィ市	キエフ特別軍管区第12軍	I・V・ガラーニン少将（1941年3月14日）;60,96gsd/164sd/269,274kap/30ozad
第18	ビキン市	極東方面軍第15軍	V・A・ザイツェフ少将（1941年3月4日）;34sd/202vdbr/52,76kap/110ozad/129osb
第19	ケクスゴーリム市	レニングラード軍管区第23軍	M・N・ゲラーシモフ中将（1940年7月9日）;115,142sd/28,43kap
第20	ゴーリキー市	最高総司令部予備第20軍	S・I・エリョーミン少将（1940年7月29日）;137,160sd（6月末から7月初めに軍団はクリーチェフ、チャウスィ地区に集結予定）
第21	リーダ市	西部特別軍管区	V・B・ボリーソフ少将（1941年3月14日）;17,24,37sd/29,587kap（軍団司令部は配下部隊とともに6月15日にヴィーテプスク市からリーダ市北部及び北西部地区に移動を開始、開戦までにリーダ市地区に到着できたのは軍団司令官を長とする作戦参謀将校団と第17狙撃師団の一部のみ）
第22	ペートセリ市	沿バルト特別軍管区	A・S・クセノフォントフ少将（1941年6月3日）;180,182sd/614kap/103ozad/415obs
第23	レニナカン市	ザカフカース軍管区	K・F・バローノフ少将（1940年12月10日）;136sd・138gsd

軍団番号	司令部駐屯地	所属	軍団長（任命日）;編制
第24	グールベネ市	沿バルト特別軍管区	R・Yu・クリャーヴィニシ中将（1941年6月13日から14日にかけての深夜未明に逮捕され、その直後の後任は不明）、K・M・カチャーノフ少将（1941年6月30日）;181,183sd/613kap/111ozad
第25	駐屯地不明（開戦前はスターリノ市）	最高総司令部予備第19軍	S・M・チェストフヴァーロフ少将（1941年6月19日）;127,134,162sd/442kap（赤軍参謀本部訓令に従い、6月13日までに軍団司令部と配下部隊は第19軍司令官の作戦指揮下に入るべく、ルーブヌィ市地区に集結予定）
第26	ウスリー州セールギエフスキー町	極東方面軍第1赤旗軍	M・S・サッヴーシキン少将（1940年11月15日）;21,22,26sd/50kap/129ozad
第27	6月20日以降トルチン村の南西10kmの森林内指揮所（その前はドゥーブノ市）	キエフ特別軍管区第5軍	P・D・アルチョーメンコ少将（1939年8月16日）;87,124,135sd/21,460kap/239osb
第28	ブレスト市	西部特別軍管区第4軍	V・S・ポポーフ少将（1940年3月14日）;6,42sd/447,445kap/12ozad/298obs/235osb
第29	ヴィリニュス市	沿バルト特別軍管区第11軍	A・G・サモーヒン少将（1941年3月3日）;179,184sd/615kap
第30	ヴォロネジ市	最高総司令部予備第21軍	I・V・セリヴァーノフ中将（1939年8月19日）;19,149,217sd
第31	コーロステニ市	キエフ特別軍管区	A・I・ロパーチン少将（1940年11月15日）;193,195,200sd（5月25日までに極東方面軍第1赤旗軍からキエフ特別軍管区に編入、6月17日より軍団配下各師団はベロコローヴィチ〜オーヴルチ〜コーロステニ地区からトロヤーノフカ〜オコネーク〜グリャードゥィ〜チャルトリースク〜ラファーロフカ地区：コーヴェリの東方35〜80kmに向け進発）
第32	イルクーツク市	キエフ特別軍管区第16軍	T・K・コロミーエツ少将（1939年11月29日）;46,152sd/126kap/243osb（1941年7月15日にスモレンスク市到着）
第33	クルスク市	最高総司令部予備第21軍	G・A・ハリュージン少将（1941年3月14日）;120,145sd
第34	トルーシキン兵営（ベーラヤ・ツェールコフィ市より40km）	最高総司令部予備第19軍	R・P・フメリーニツキー中将（1940年6月21日）;129,134,171sd/471kap
第35	キシニョーフ市	オデッサ軍管区第9軍	I・F・ダーシチェフ旅団長（1940年7月8日）;95,176sd/266kap
第36	駐屯地不明	キエフ特別軍管区	軍団長不明;140,146,228sd（6月17日より軍団はドゥーブノ〜コージン〜クレメーネツ地区に向け進発、6月27日朝までに到着予定）
第37	駐屯地不明	キエフ特別軍管区	S・P・ズイビン旅団長（1941年3月14日）;80,139,141sd/441,445kap（6月17日より軍団はペレムィシリャーヌィ〜ブレズジャーヌィ〜ドゥナーユフ地区に向け進発、6月25日朝までに到着予定）
第39	バラバーシ町	極東方面軍第25軍	軍団長不在と思われる（開戦後最初の軍団長にYu・L・ゴロヂンスキー少将が任じられたのは8月26日、開戦前の元軍団長I・M・チスチャコーフ大佐は1941年5月にモスクワに進学のため転出）;32,40,92sd
第40	駐屯地不明	ザカフカース軍管区	A・A・ハヂェーエフ少将（1941年3月14日）;9gsd/31sd
第41	イヴァーノヴォ市	キエフ特別軍管区第16軍	I・S・コソブーツキー少将（1941年3月14日）;118,144,235sd
第42	駐屯地不明	レニングラード軍管区第14軍	R・I・パーニン少将（1941年3月14日）;104,122sd

軍団番号	司令部駐屯地	所属	軍団長（任命日）;編制
第44	ミンスク市	西部特別軍管区	V・A・ユシケーヴィチ師団長（1941年3月14日）;64,108sd/49kap（6月15日より軍団はミンスク近郊の移動兵営に駐屯地移転）
第45	駐屯地不明	最高総司令部予備第21軍	E・Ya・マゴン師団長（1941年3月14日）;187,227,232sd
第47	ボブルーイスク市	西部特別軍管区	S・I・ポヴェートキン少将（1940年7月8日）;55,121,143sd/462kap/273obs/47okae
第48	ベリツィ市東方の森林内	オデッサ軍管区第9軍	R・Ya・マリノーフスキー少将（1941年3月14日）;30gsd/74,147sd/374,648kap
第49	駐屯地不明（以前はベーラヤ・ツェールコフィ市）	キエフ特別軍管区	I・A・コルニーロフ少将（1941年3月14日）;190,197,199sd（第12軍に編入のため、6月17日より軍団司令部と1個師団を除く配下部隊は鉄道で、残る1個師団は行軍で新駐屯地に向け6月30日朝到着を目標に行軍進発）
第50	ヴイボルグ市	レニングラード軍管区第23軍	V・I・シチェルバーコフ少将（1941年1月17日）;43,70,123sd、24kap
第51	駐屯地不明	最高総司令部予備第22軍	A・M・マールコフ少将（1941年3月14日）;98,112,153sd
第52	クラスノヤルスク市	最高総司令部予備	D・I・アンドレーエフ少将（1939年8月18日）;91,119,166sd
第53	オムスク市	最高総司令部予備	D・M・セレズニョーフ少将（1939年8月18日）;107,133,178sd
第55	駐屯地不明（以前はヴィンニツァ市）	キエフ特別軍管区	K・A・コロテーエフ少将（1941年3月14日）;130,169,189sd/207kap（6月17日より第189狙撃師団を除く全軍はモギリョーフ・ポドーリスキー東方70kmの国境地帯に向け6月26日朝到着を目標に行軍進発）
第58	アシハバード市	中央アジア軍管区	M・F・グリゴローヴィチ少将（1939年8月18日）;68,83,194gsd/123,450kap
第59	ポグラニーチヌィ町	極東方面軍第1赤旗軍	A・M・モローゾフ少将（1940年7月20日）;39,59sd
第61	トゥーラ市	最高総司令部予備	F・A・バクーニン少将（1940年1月4日）;110,172sd/601kap
第62	チェリャビンスク市	最高総司令部予備第22軍	I・P・カルマーノフ少将（1939年8月18日）;170,174sd、186sd
第63	クイビシェフ市	最高総司令部予備第21軍	L・G・ペトロフスキー軍団長（1940年11月28日）;53,148sd/546kap（6月初めに軍団は白ロシア共和国領への駐屯地移動を開始、第一陣は6月21日に到着）
第64	駐屯地不明	北カフカース軍管区	A・D・クレショーフ少将（1941年3月14日）;165,175sd/394,596kap
第65	ヌイメ町（タリンの南方9km）	沿バルト特別軍管区	K・V・コミッサールコフ少将（1941年3月14日）;司令部のみで配下部隊なし
第66	カザン市	最高総司令部予備第21軍	F・P・スダコーフ少将（1941年6月19日）;61,117,154sd
第67	ポルターヴァ市	最高総司令部予備第19軍	F・F・ジマチェンコ大佐（1941年3月14日）;102,132,151sd/435,645kap
第69	駐屯地不明	モスクワ軍管区、最高総司令部予備	E・A・モギリョーフチク少将（1941年3月14日）;73,229,233sd

凡例：gsd－親衛狙撃師団、kap－軍団砲兵連隊、kd－騎兵師団、obs－独立通信大隊、osb－独立工兵大隊、ozad－独立高射砲大隊、sd－狙撃兵師団、vdbr－空挺旅団

（軍団長の階級で、軍団長、師団長、旅団長とあるのは旧階級名で、それぞれ新階級名の中将、中将と少将の中間、少将と大佐の中間に相当する。新階級制以降後もさまざまな事情で旧階級名のままの将官がいた：訳注）

55：1941年5月1日のメーデーでモスクワの赤の広場を行進するスターリン記念機械化自動車化軍事アカデミーの教習生。この数カ月後……彼らの多くは生きて還らぬ人となった。

56：T-26軽戦車の支援を受けて「攻撃」中の歩兵（キエフ特別軍管区の演習、1940年秋）。
付記：写真のT-26軽戦車は、円錐型砲塔と上構が傾斜装甲の1939年型である。

表7. 狙撃兵師団兵力編制定数（1941年4月5日承認）

師団類型	人員	自動車	馬匹	小銃・騎銃	重機関銃	軽機関銃	機関短銃	37～45mm砲	76～122mm砲	152mm砲	迫撃砲
平時標準狙撃兵師団（定数番号4/100）	10291	414	1955	7818	164	371	1159	62	70	12	150
平時縮小狙撃兵師団（定数番号4/120）	5864	155	905	3685	163	324	691	52	62	12	108
戦時狙撃兵師団（定数番号04/400）	14483	558	3039	10420	166	392	1204	54	66	12	150
戦時山岳狙撃兵師団（定数番号4/140）	8829	203	3160	6960	110	314	788	8	56	—	120

ルの砂漠地帯で活躍することが期待され、それぞれ自動車化狙撃兵連隊3個と砲兵連隊1個、独立戦車大隊1個（戦車54両）を抱えていた。通常の狙撃兵師団と比べ、自動車化狙撃兵師団は自動車輸送手段の配備数が多かった。

独立狙撃兵旅団は、狙撃兵師団の縮小版であり、狙撃兵連隊2個と砲兵連隊1個、高射砲大隊1個、独立対戦車砲中隊1個、独立通信大隊1個、独立工兵大隊1個から編成された。

新定数の大きな問題は、対戦車及び高射兵器と自動車、トラクターの増量を盛り込んでいなかったことである。それゆえ、ソ連狙撃兵師団の対戦車装備は45mm砲が全部で36門と、かなり貧弱であった。もっと配備状況が悪かったのは対空装備である。各狙撃兵師団は、3個中隊からなる独立高射砲大隊1個を有するのみで、76mm高射砲4門、37mm高射砲8門、車載型高射機関銃1基（自動車GAS-AAAに搭載されたマクシム四連装高射機関銃）を保有していた。

ソ連西部国境軍管区に配置されていた狙撃兵師団の大半は、人員の20～40％、自動車及びトラクターの50～60％が定数に満たず、野砲、高射砲、機関銃から拳銃に至るまで不足していた。開戦前夜の狙撃兵師団の平均人員数は、レニングラード軍管区で1万1,985人、沿バルト特別軍管区では8,712人、西部特別軍管区は9,327人、キエフ特別軍管区では8,792人、オデッサ軍管区では8,400人であった。また、12個師団は1万4,000人に上る人員を擁し、1万2,000人以下の師団は72個、1万1,000人以下は6個であった。

それに加えて、士官、とりわけ中隊、大隊レベルの指揮官の経験不足が狙撃兵師団の戦闘能力を低下させた。部隊勤務歴が浅く、訓練レベルの低い将校が指揮官に任命されることはしばしばであった。

当時の赤軍歩兵の主な武器は従来通り、かの有名な「0.3インチ口径ライフル」――7.62mmモーシン小銃1891年型[注10]の1930年改良モデルであった。このほか、7.62mmシーモノフ自動小銃AVS、そし

[注10] いわゆるモシン・ナガン小銃。（監修者）

て同じく口径7.62mmのトカレフ半自動小銃SVT[注11]も多数使用されていた。1941年6月の時点で狙撃兵部隊に配備されていたこれらの小銃の数は、100万挺を超えていた！（ちなみに、当時のドイツ国防軍には自動小銃は皆無であった）。しかし、機関短銃の配備状況は今ひとつおもわしくなかった。

戦後になって、機関短銃の不足について赤軍砲兵総局のクリーク局長が非難されるようになったが、クリーク元帥が機関短銃に青信号を出そうとしなかったのは、1938年3月13日に中央軍事会議が全会一致で決議した内容を忠実に実行していただけであったことを忘れてはならない。この会議の席上、「機関短銃は射程300m以上では効果的に使用できず、したがって近代戦には不適である」と結論付けられた。また、このタイプの火器は、将校とNKVD[注12]軍の武装用としてのみ適当であるとされたのだった。ようやく、冬戦争が始まってから機関短銃に対する見方が変わり、7.62mmデクチャリョーフ機関短銃PPDが量産化され、1940年12月には7.62mmシパーギン機関短銃PPShの大量生産も開始された。その結果、赤軍は1941年6月にはこれらの機関短銃を9万挺も保有していた。

機関銃の配備状況は機関短銃よりもっとひどかった。赤軍が制式採用していた機関銃の主な型は、7.62mmデクチャリョーフ歩兵軽機関銃1927年型（DP）と7.62mmマクシム重機関銃1910/1930年型であった。1940年秋にこれらの機関銃の量産が中止され、7.62mmデクチャリョーフ重機関銃（DS）に統一された。

しかし、当時の生産基盤で開戦までに新しい機関銃を然るべく量産化することはできなかった。なぜならば、軍需産業の大々的な再建がまだ進行中だったからである。それに、設計上の欠陥も解消はされていなかった。

DS機関銃は設計上の問題のほかに、DP機関銃やマクシム機関銃に比べてより頻繁な注油と入念な手入れが必要であった。専門教育は言うに及ばず、一般教育水準がかなり低い赤軍歩兵の兵や下士官にとって、新型機関銃を正しく手入れすることは実際には不可能であった。とはいえ、開戦前までに狙撃兵部隊は約1万挺のDS機関銃を受領し、その大半は西部国境軍管区に配備された。

最近の文献では、ソ連の狙撃兵師団には戦車1個大隊が含まれていたとする記述がしばしば見られる。しかし、実際は違っていた。まだ1940年の4月に冬戦争の総括が行われていた会議の場で、労農赤軍機甲局のD・パーヴロフ局長は「狙撃兵師団配下の戦車大隊は、まったく存在意義のないことを自ら証明した」と述べ、それらの編制を解くよう提言したのであった。この提言は正当と認められ、1940年5月のソ連邦国防委員会令で戦車大隊は狙撃兵師団の編制から外され、戦車旅団の補充に回された。1940年夏に始まった機

［注11］シーモノフはセミフルオート射撃が可能。トカレフはセミオートのみ。（監修者）

［注12］エヌカヴェデーと読み、内務人民委員部の略。（訳者）

械化軍団の編成はこのプロセスを加速し、1940年8月には戦車大隊を有する狙撃兵師団は皆無となった。ただし、極東方面軍の狙撃師団15個とザバイカル軍管区の自動車化狙撃師団2個だけはこの点において例外とされた。

　狙撃兵師団内の独立偵察大隊については、装甲兵器をどの部隊も保有していたとはとてもいい難い。装甲兵器を持っていたとしても、その配備状況は惨めなものであった。偵察大隊はおもに、すでに何年か使用され、かなり老朽化したT-37戦車で武装されており、しかも、修理施設は持たなかったのである。

57：1937年5月1日のモスクワでのメーデー記念パレードに参加した装甲牽引車コムソモーレツT-20。
付記：コムソモーレツは1938年に第37工場で開発されたもので、車体前部に装甲を持ち、機関銃を装備していた。本来45mm対戦車砲の牽引用であったが、装甲と武装を生かして豆タンク的に使用されることも多かった。

砲兵
АРТИЛЛЕРИЯ

　赤軍砲兵は各種砲兵部隊と最高総司令部予備とに分けられ、1941年6月22日の独ソ戦勃発時に赤軍が保有していた火砲と迫撃砲の数量は11万444門（うち3万6,800門は50mm迫撃砲）であったが、使用可能な砲はそのうちの9万1,493門であった。国境地域の軍管区に配置された砲兵部隊の大半は、兵器・装備が完全配備されていた。しかし、狙撃師団所属砲兵部隊の火砲の60％以上は、馬匹牽引車を装備しているか、あるいは牽引手段そのものがなかった。

　最高総司令部予備砲兵は開戦時に（カノン）砲兵連隊14個、榴弾砲連隊60個、独立臼砲大隊9個、独立（カノン）砲兵大隊12個、独立重砲中隊2個を抱えていた。

　全ソ連邦共産党中央委員会及びソ連邦人民委員会議の1941年4月23日付け政令第1112-459ss号により、6,000人級縮小狙撃兵師団11個の編制を解き、その兵力をもって最高総司令部予備対戦車砲旅団10個の編成が開始された。第1、第2、第3、第4旅団、第5旅団はキエフ特別軍管区に（ただし、第4旅団はオデッサ軍管区配置とする資料あり）、第6、第7、第8旅団は西部特別軍管区、第9及び第10旅団は沿バルト特別軍管区に配置された。各旅団は定数に

58：メーデーの記念パレードにおけるコミンテルン砲兵牽引車（1938年5月1日、モスクワ、赤の広場）。
付記：コミンテルンは初めて軍用に設計された牽引車で、試作に終わったT-12（後にT-24）戦車のサスペンションを流用して製作された。1941年までに約2,000両が生産された。主に152mm榴弾砲の牽引に用いられた（写真でも152mm砲を牽引しているようだ）。

58

59

表8. 1941年6月1日～15日の西部国境軍管区における砲の配備状況

砲種	レニングラード軍管区	沿バルト特別軍管区	西部特別軍管区	キエフ特別軍管区	オデッサ軍管区	計
火砲						
45mm対戦車砲1932年型及び1937年型	1068	1059	2154	2276	963	7520
76.2mm連隊砲1927年型	354	311	657	678	296	2296
76.2mm大隊砲1902年型	52	30	12	16	8	118
76.2mm大隊砲1902/30年型	95	220	278	440	131	1164
76.2mm大隊砲1936年型（F22）	209	396	629	810	256	2300
76.2mm大隊砲1939年型（F22改良型）	10	72	107	67	—	256
107mmカノン砲1910/30年型及び1939年型	30	62	102	227	53	474
122mmカノン砲1931年型（A19）	101	60	168	187	67	583
152mmカノン砲1910/30年型	24	—	33	38	25	120
76.2mm山砲1904年型	?	—	—	6	?	6 ?
76.2mm山砲1938年型	4	—	6	192	32	234
122mm榴弾砲1910/30年型	341	475	719	848	369	2752
122mm榴弾砲1909/37年型	94	15	48	123	28	308
122mm榴弾砲1938年型（M30）	77	194	260	431	71	1033
152mm榴弾砲1909/30年型	183	153	400	298	128	1162
152mm榴弾砲1938年型（M10）	101	108	178	314	72	773
ヴィッカース152mm榴弾砲	?	—	67	—	—	67 ?
152mmカノン榴弾砲1937年型（ML20）	179	332	494	612	213	1830
203mmカノン砲1931年型（B4）	61	59	119	192	86	517
280mm臼砲1914/15年型	—	—	—	11	6	17
280mm臼砲1939年型	3	—	6	24	6	39
37mm高射機関砲（31K）	127	116	212	292	70	817
76.2mm高射砲1931年型及び1938年型	489	232	526	561	275	2083
ボフォース80mm高射砲	—	—	4	—	—	4
85mm高射砲1939年型	612	156	396	1368	84	2616
火砲小計	4214	4050	7575	10011	3239	29089
迫撃砲						
50mm迫撃砲	2198	2081	3875	4373	2138	14665
82mm迫撃砲	1102	620	2031	2092	1005	6850
ストークス107mm迫撃砲	107	50	91	114	46	408
120mm迫撃砲	280	218	613	393	171	1675
迫撃砲小計	3687	2969	6610	6972	3360	23598
砲合計	9121	7019	14185	16983	6599	52687

59：45㎜対戦車砲を連結牽引する幌付きコムソモーレツ牽引車（キエフ特別軍管区の演習、1940年秋）。
付記：コムソモーレツは、前部の操縦室は装甲されていたが、後部の兵員室は無装甲どころか野ざらしで、遮蔽する場合はキャンバスの幌をかけるだけだった。

よると、対戦車砲2個連隊からなり、24門の107㎜カノン砲M60、85㎜高射砲1939年型48門、同じく48門の76㎜カノン砲F22、37㎜高射機関砲16門、12.7㎜機関銃DShK36挺を保有していた。しかし、開戦前までに砲兵旅団の武装を完全にすることは間に合わず、火砲や特に自動車、トラクターが不足していた。

赤軍砲兵部隊の兵器・装備はかなり雑多であり、新型のものもあれば、第一次世界大戦期以来の老朽化した兵器もかなりあった。しかしながら、全体的に見て、赤軍砲兵の戦闘能力はドイツ国防軍に比べて遜色はなかった。

ただ、火砲の配備状況は概ね満足できるレベルにあったものの、砲弾の供給は非常に悪く、いくつかの種類の砲弾、とりわけ徹甲弾の質はお粗末であった。例えば、1941年春にドイツから購入したⅢ号戦車（Pz.Ⅲ）への射撃試験を実施した結果、赤軍の対戦車用及び戦車用主力兵器である45㎜砲の砲弾は、500〜1,000mの射程で装甲厚30㎜の装甲板を貫通することができないことが明らかとなった（当時の砲兵操典や射撃指導書には、敵戦車との戦闘においてはまさにこの位の射距離から射撃を開始するよう指示されていた）。

この試験結果を分析したところ、1938年から1939年に製造された徹甲弾の多くは（これらの年に徹甲弾が最も大量に生産された）、熱処理加工がいい加減で、それゆえに貫通力が低いことが判明した。

そこで1941年5月、45mm徹甲弾が在庫調査の目的で各部隊から回収され始めた。その結果、独ソ戦が始まったとき、多くの砲兵及び戦車部隊は45mm徹甲弾を1発も持たないという状態に置かれていたのである。

76mm徹甲弾をめぐる状況も悪かった。その貫通力は十分であったものの、問題は砲弾の数量が決定的に少なかったことにあった。1941年3月に赤軍砲兵総局幹部が国防委員会議長に宛てた報告メモには次のように指摘してあった——「……76mm砲1,440門を保有する対戦車砲旅団20個の編成にあたっては、14万4,000発以上の徹甲弾を必要とするものの、現在砲兵総局が管理する砲弾は2万発を少し上回る程度、すなわち76mm砲1門当たり2.6発に過ぎない」。

しかも、砲1門あたりの徹甲弾配備数を100発と規定した予備兵力動員に関する国防人民委員部の要請が出されているにもかかわらず、このような有様だったのだ。

労農赤軍砲兵の活用効果を低下させたもうひとつの要因は、機械牽引装置の配備が貧弱だったことである。

独ソ開戦前夜に赤軍が保有していたトラクターと牽引車の数は約4万5,000台で、そのうちおよそ半分が砲兵部隊に配備されていた。トラクターの65％は、S-60やS-65、SGZ-3といった農業用車両であった。これらのトラクターはその性能からして軍用、とりわけ戦時の使用には不向きであった。他の15％のトラクターは、STZ-5NATIやS-2、コンムナール[注13]などの型で、そもそもは輸送用に製造されていた。特に、S-2とSTZ-5は農業トラクターが設計の基礎となっており、必ずしも軍用に耐えうるものではなかった。軍用特別半装軌式牽引車のコムソモーレツ[注14]、コミンテルン[注15]、ヴォロシーロヴェツ[注16]などが占める割合は、およそ20％程度に過ぎなかった。

大量のトラクターはあったものの、軍用専用車両が不足していたことは指摘しておかねばなるまい。

1941年4月に承認された定数は、1個狙撃兵師団砲兵用に99台のトラクター（コムソモーレツ：21台、STZ-3：48台、STZ-5：5台、S-65：25台）を割り当てていた。軍団所属の砲兵連隊と最高総司令部予備砲兵の兵器牽引にもトラクターが使用された。37mm高射砲だけが自動車で牽引された。ところが、トラクターの数が定数に足りなかったため、他の車両もしばしば用いられた。例えば、専用の半装軌牽引車コムソモーレツの代わりにGAZ-AAやZIS-5などのトラックが使用された。狙撃兵師団砲兵の122mm及び152mm榴弾砲はZIS-5自動車や農業用トラクターSTZ-3、S-60、S-65などで牽引された。軍団砲兵連隊の122mmカノン砲と152mm榴弾砲や最高総司令部予備砲兵の超強力な重砲の運搬には、コミンテルン、ヴォロシ

60：赤軍内で唯一機動性のある対空兵器は、GAZ-AAAトラック搭載型7.62mm四連装マクシム機関銃（稀に三連装）であった。開戦時の赤軍にはこのようなトラックが2,000台強配備されていた。
付記：毎分2,000〜2,400発の猛烈な発射速度を発揮できる四連装マクシム機関銃は、銃架のみで234kg、銃を含むと460kgの重量があった。威力、射程が若干不足気味であったため、これを捕獲したドイツ軍も使用していた。

61：GAZ-AAAトラック搭載型四連装マクシム高射機関銃（1941年）。
付記：銃架は全周旋回、水平回転〜垂直俯仰が可能で、射手は立った姿勢で、銃尾に取り付けられた肩当てに取り付いて人力で旋回などを行う。

[注13] コンミューン（共同体）のメンバーの意。

[注14] コムソモール（青年共産同盟員）員の意

[注15] 1919年〜1943年の国際共産主義組織コミンテルン（共産主義インターナショナル）の意。

[注16] 前出の初代国防人民委員、K・ヴォロシーロフの同志、支持者の意。ちなみに、KV戦車のKVはこのクリメント・ヴォロシーロフのイニシャルに由来している。
（注12〜15まで、訳者）

60

61

62：货物自動車YaG-10に搭載された76mm高射砲1931年型は、行軍中の戦車部隊を空襲からしっかりと掩護することができた。しかし、開戦時の赤軍はこのような高射砲システムを全部で16門しか保有していなかった。
付記：射撃時には荷台四方の脚を接地、車体を安定させ、荷台左右の板は倒れてプラットフォームになる。対空射撃だけでなく対地射撃も可能であり、対地支援射撃任務にも使用された。

63：1940年、キシニョーフでの軍事パレードでトラクターSTZ-3に牽引される152mm榴弾砲1909/30年型。
付記：STZ-3はスターリングラードトラクター工場で製作された民生用トラクター。最も広範囲に使用された牽引車で、なんと1952年まで生産が続けられた。152mm榴弾砲は第一次大戦以前に設計された旧式砲で、主としてソ連軍の予備役部隊や訓練部隊に配備されていた。

64

塗装とマーキング

1930年代の標準塗装のT-35重戦車。
(SCALE 1:50)
付記：T-35重戦車は、すべてモスクワ近郊にある、第5独立重戦車師団に配備された。

1930年代の赤軍の標準的なマーキングのT-37A軽戦車。(SCALE 1:40)
付記：T-37はT-38とあわせて、機械化部隊、歩兵部隊の偵察部隊に配備された。

1930年代の標準塗装を施された二砲塔型T-26戦車(砲・機銃併装型)。(SCALE 1:40)
付記：T-26 1931年型。機関銃のみ装備型、砲、機銃併装型あわせて1,626両が生産された。また、この年式で無線機を装備したタイプ(T-26RT)は96両が生産された。

赤軍第1機械化軍団第1戦車師団の戦術識別章が付いた三色迷彩のT-28戦車(増加装甲板装備)。レニングラード軍管区、1941年6月。(SCALE 1:50)
付記：T-28は敵陣突破用の多砲塔の中戦車で、1933年から1940年に生産された。増加装甲装備型は、T-28Eと呼ばれ、1939年から1940年に生産された。

三色迷彩のT-26戦車1939年型。キエフ特別軍管区。1941年6月。(SCALE 1:40)
付記：T-26は、開戦直前のソ連軍戦車の最大勢力を占めていた。その数は1941年1月1日時点で9,665両にものぼった。

1930年代末期の西部及び中央軍管区で採用されていた三色迷彩の装甲自動車BA-6。(SCALE 1:40)
付記：BA-6は重装甲車シリーズのひとつでBA-3の小改良型。1935年に採用された。

ドイツ国防軍第6戦車師団に配備された35(t)戦車。1941年6月。(SCALE 1:40)
付記：第6戦車師団は、北方軍集団、第4戦車集団隷下でレニングラードに進撃、レニングラード攻撃中止後モスクワ攻撃のため南下するも攻略に失敗した。

ドイツ国防軍第8戦車師団のIV号戦車C型．1941年6月。(SCALE 1:40)
付記：第8戦車師団は、北方軍集団、第4戦車集団隷下でレニングラードに進撃、その後レニングラードの包囲にあたった。

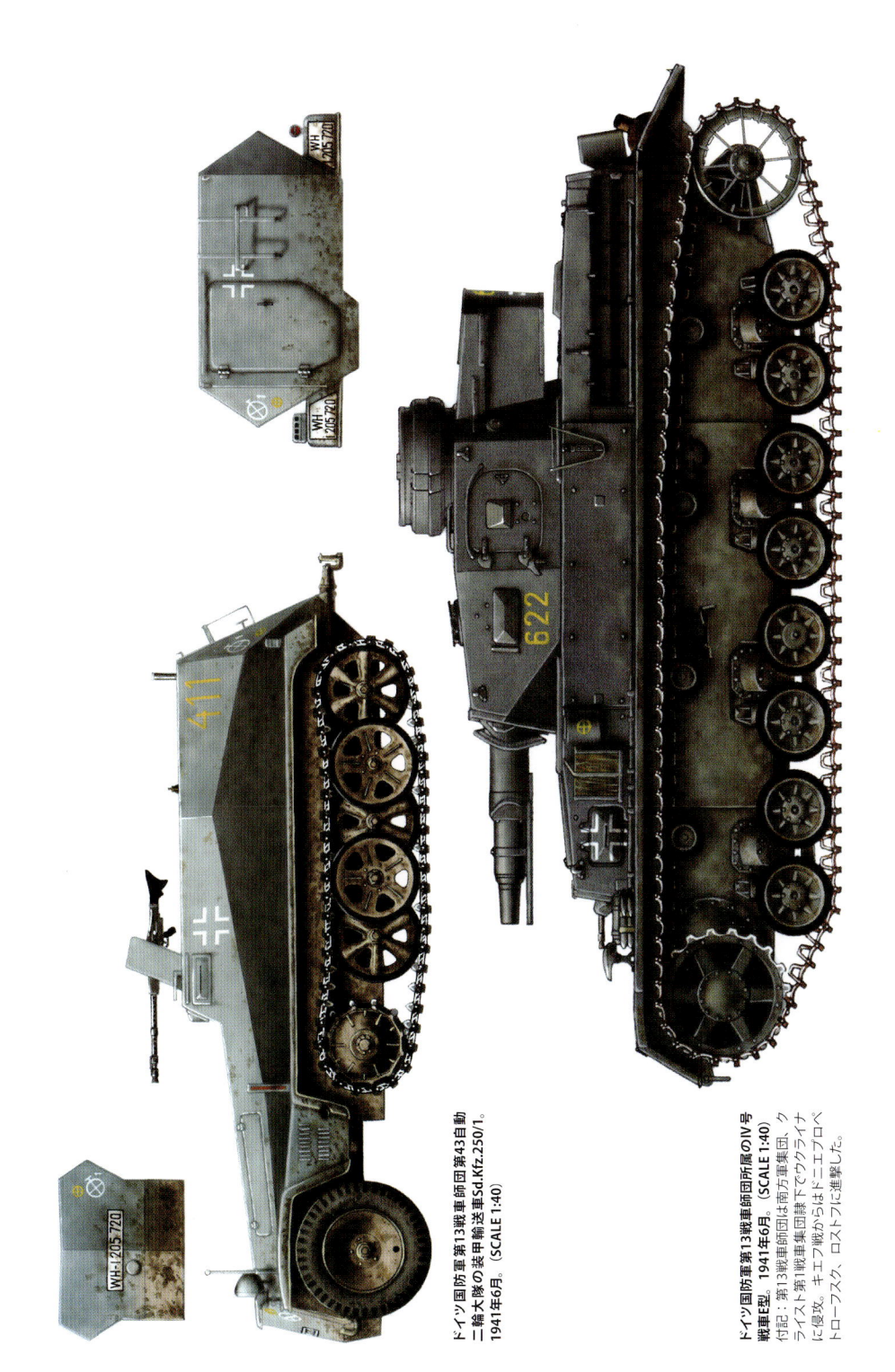

ドイツ国防軍第13戦車師団第43自動二輪大隊の装甲輸送車Sd.Kfz.250/1。1941年6月。(SCALE 1:40)

ドイツ国防軍第13戦車師団所属のIV号戦車E型。1941年6月。(SCALE 1:40)
付記：第13戦車師団は南方軍集団、クライスト第1戦車集団隷下でウクライナに侵攻、キエフ戦からはドニエプロペトロフスク、ロストフに進撃した。

ドイツ国防軍第192突撃砲大隊のIII号突撃砲B型。1941年6月。(SCALE 1:40)
付記:第192突撃砲大隊は、中央軍集団に所属し、ブレスト・リトフスク要塞攻撃に活躍した。

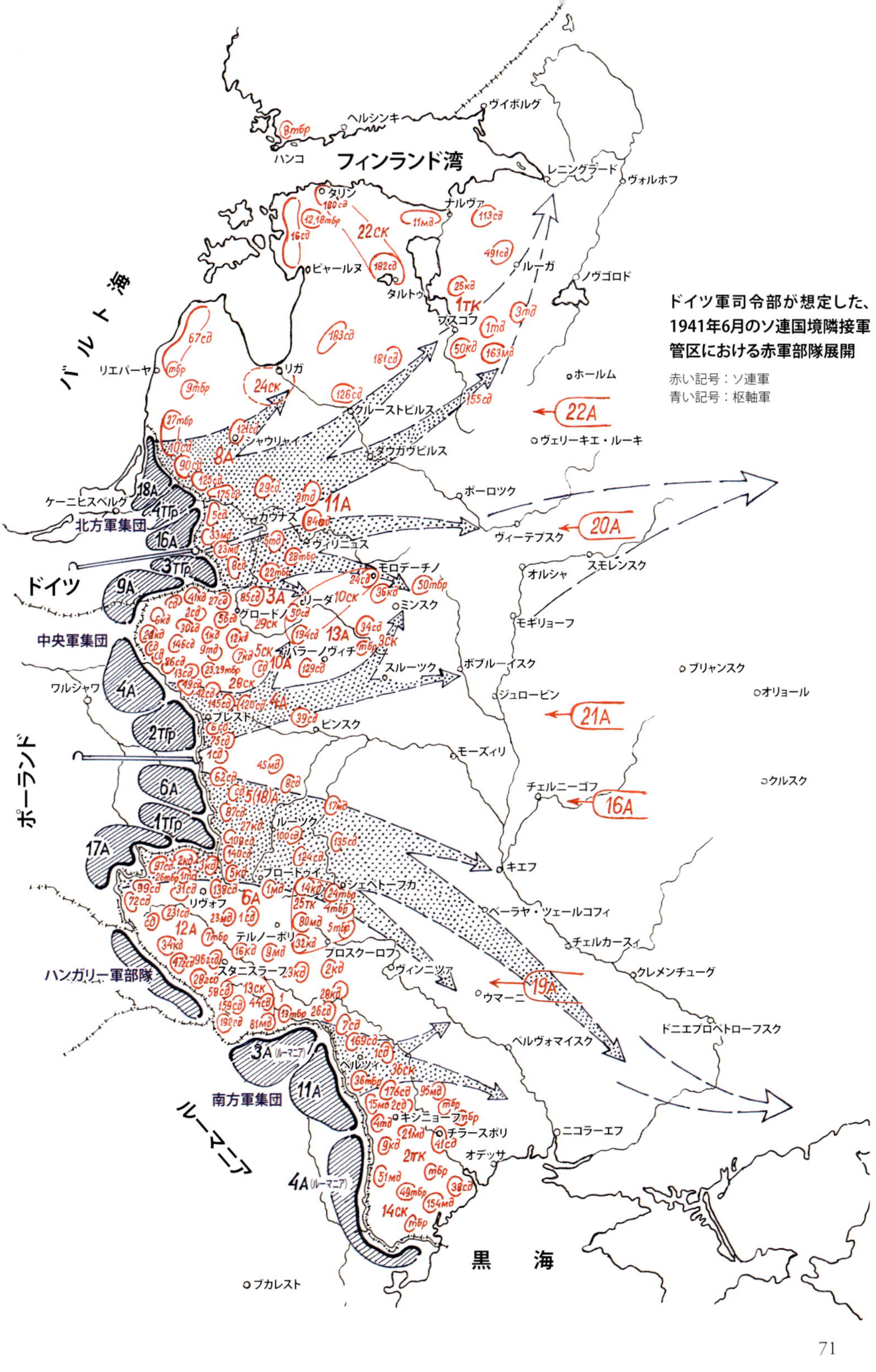

ドイツ軍司令部が想定した、1941年6月のソ連国境隣接軍管区における赤軍部隊展開

赤い記号：ソ連軍
青い記号：枢軸軍

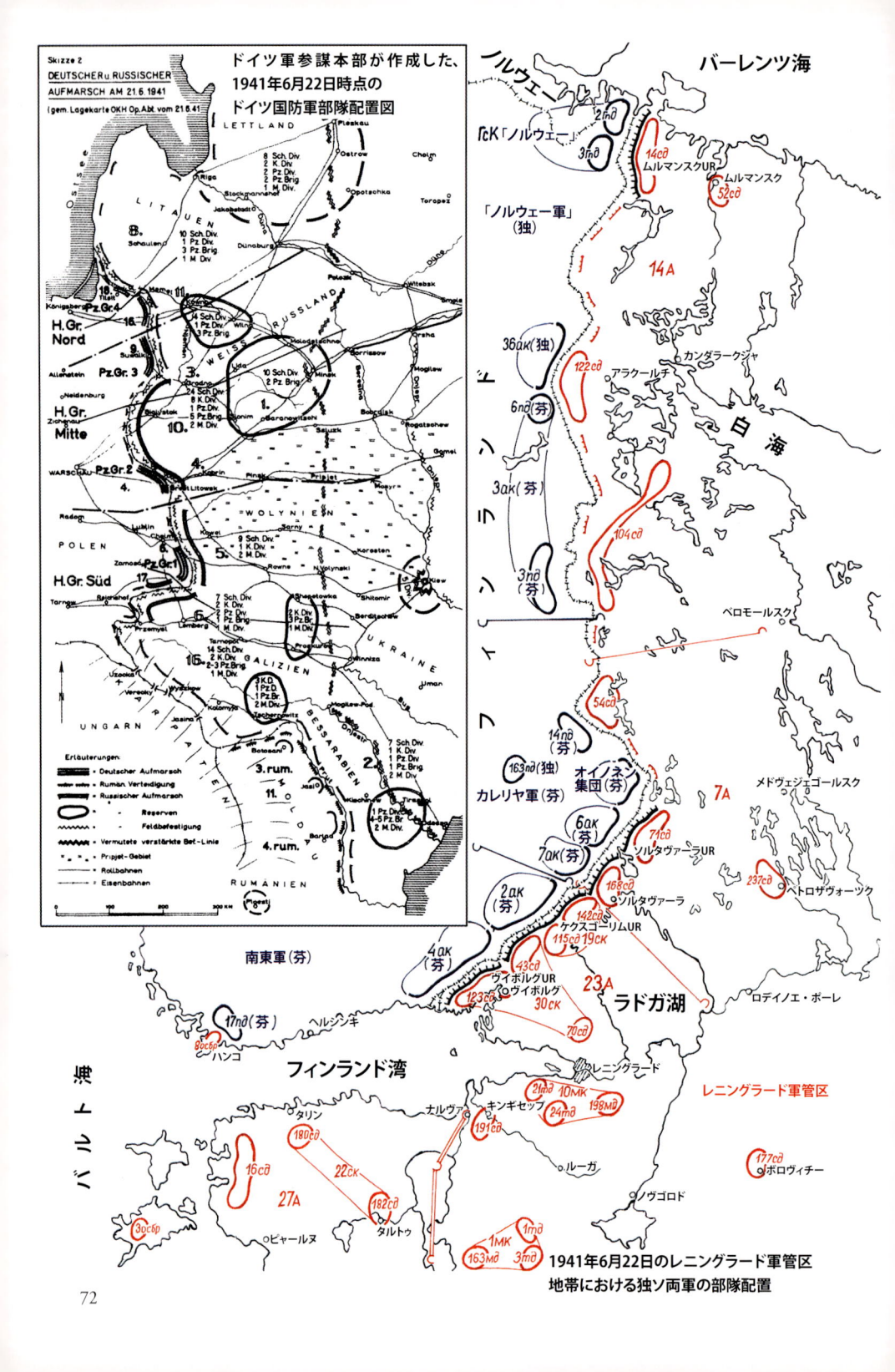

ドイツ軍参謀本部が作成した、1941年6月22日時点のドイツ国防軍部隊配置図

1941年6月22日のレニングラード軍管区地帯における独ソ両軍の部隊配置

73

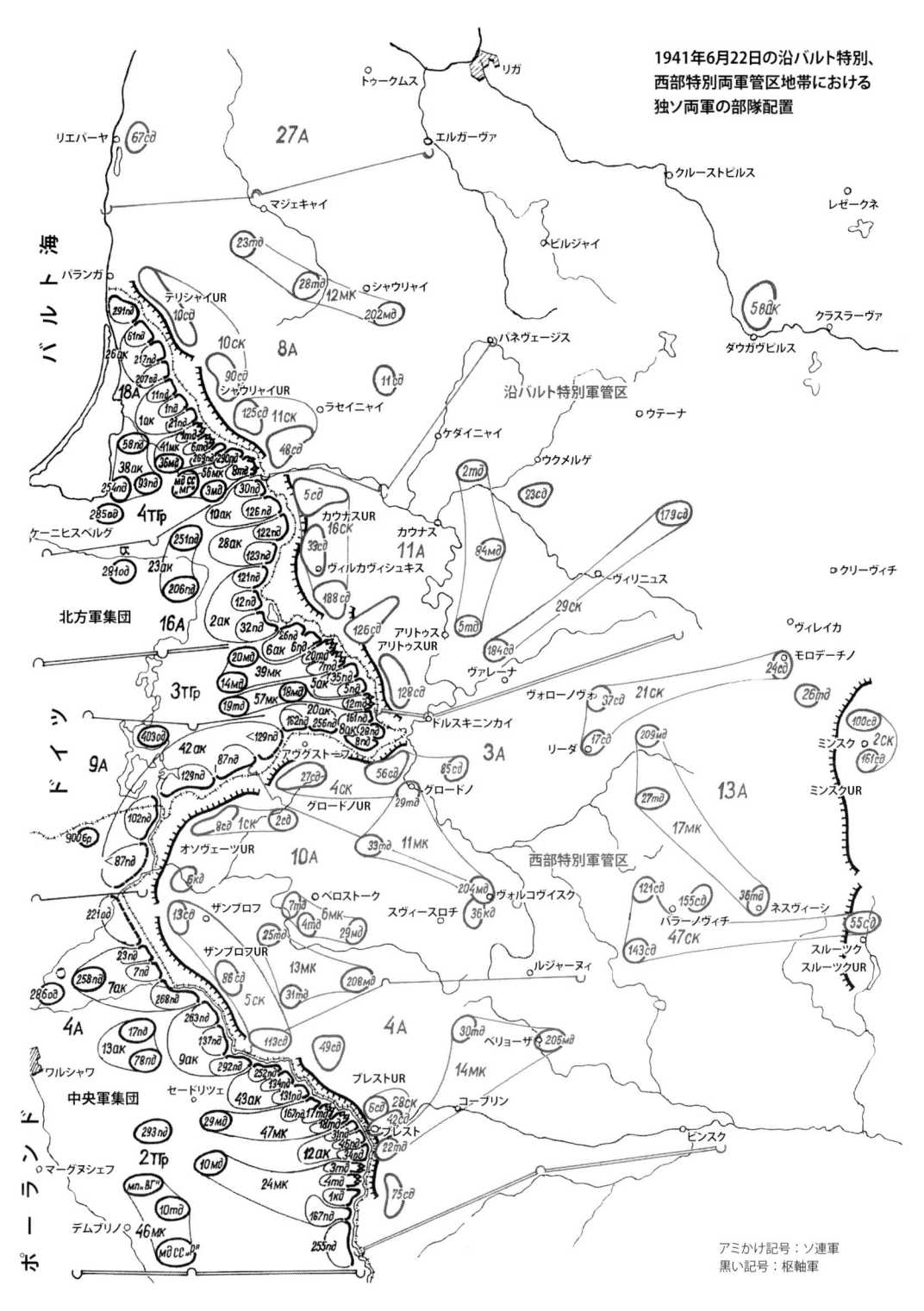

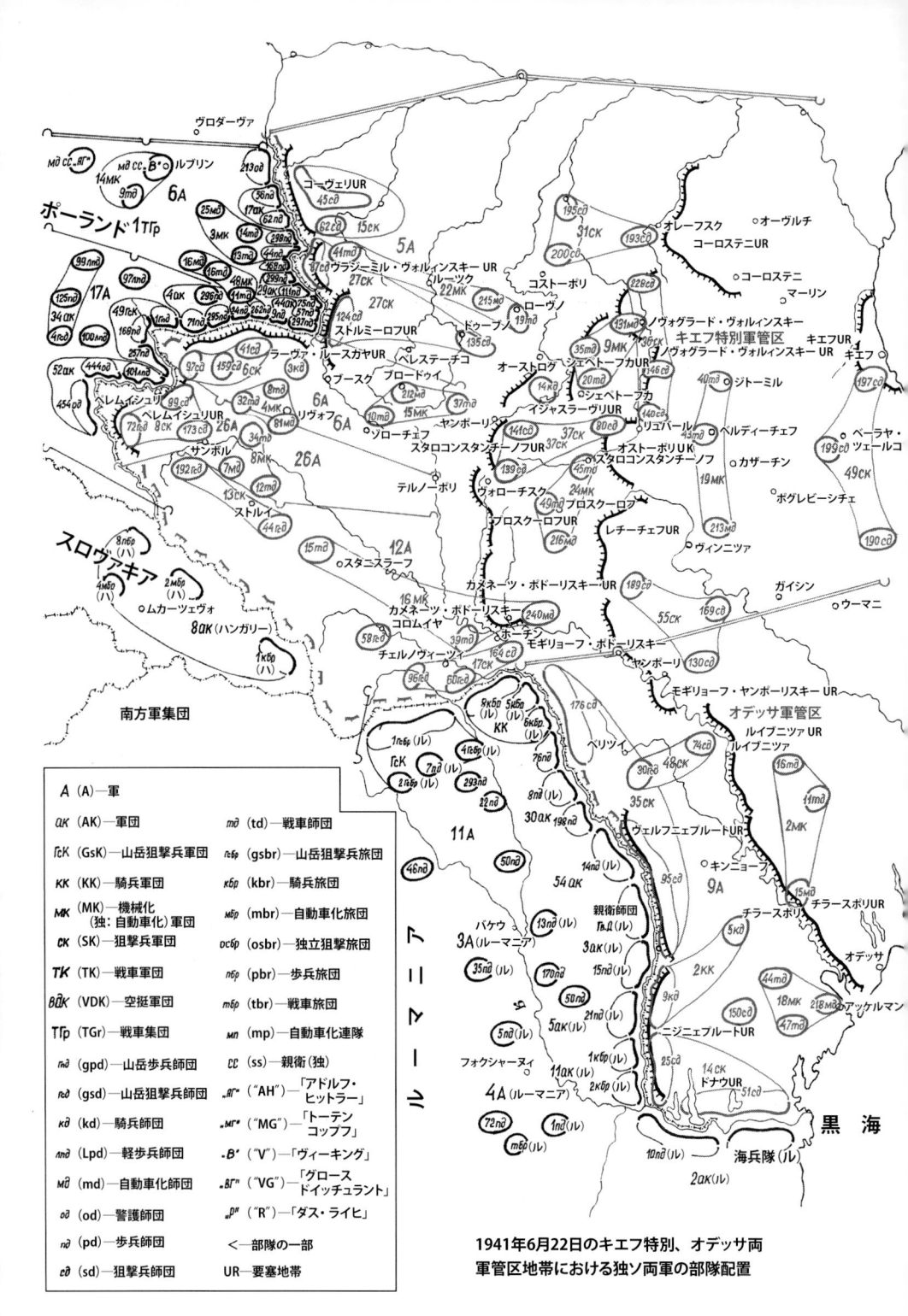

1941年6月22日のキエフ特別、オデッサ両軍管区地帯における独ソ両軍の部隊配置

ーロヴェツという専用牽引車の代わりに、低速の農業用トラクターS-60、S-65か、または輸送用のS-2トラクターがよく使われた。

　砲兵専用車両の不足から多種類の自動車、トラクターを使用せざるを得なかった状況は、機械牽引装備の使用、供給、修理などの作業に否定的な影響を及ぼした。

　1941年6月時点で走行可能なトラクターは全体の約70％で、残る車両は大規模、中規模の修理を施さねばならない状態にあった。

　例えば、労農赤軍砲兵トラクター総目録を調べると、1941年4月初旬に多少なりとも修理が必要なトラクターは1万5,000台に上っている。また、沿ヴォルガ、西部特別、オデッサの各軍管区に配備されたトラクターの50％以上が中規模、大規模の修理を施さねば動かなかった。しかも、砲兵連隊の修理資材がこれまた十分ではなく、予備部品補給の要求が満たされることも稀であった。

　開戦直前の6月5日から15日にかけて、赤軍参謀本部の特別委員会が、沿バルト特別、西部特別、キエフ特別、オデッサの各軍管区における砲兵部隊の機械牽引装備の配備とトラクター再配置状況の調査を行った。

　この調査委員会が提出した報告書からは、最高総司令部予備、軍団、師団に所属する砲兵及び高射砲部隊のトラクター充足率は参謀本部が定めた縮小定数の90％であり、しかもその中心はS-60、S-65、STZ-3などの農業用トラクターであったことがわかる。砲兵専用牽引車の数量は極めて少なく、例えばキエフ特別軍管区におけるヴォロシーロヴェツ牽引車の定数充足率は11.4％、コミンテルン牽引車のそれは3％に過ぎなかった（表9参照）。

　キエフ特別軍管区について調査委員会は次のようにも指摘している──「砲兵部隊の軍用物資補給小隊は、弾薬輸送手段を装備しておらず、保有する自動車とトラクターは、予備部品や工具、タイヤが欠如しているため、砲兵部隊の戦闘能力を維持させることができない。民生用から転用されている車両はどれも、予備部品やタイヤ、工具などを備えていない。小さな部品が多数不足しているために、使用不可能な車両が多々ある。機械牽引車両を装備した砲兵部隊の修理資材は貧弱で、当軍管区の部隊の半分は修理廠を持たず、仮にあったとしても、それは自動車用であり、トラクター用ではない。砲兵部隊の修理整備資材が不十分な状況は、多数の機械故障を引き起こし、当軍管区部隊の戦闘準備態勢を脅かしている」。

　同じような光景は他の軍管区でも見られた。例えば、西部特別軍管区の修理廠にあった600台のトラクターの修理作業完了は、なんと1943年第2四半期に予定されていたのである！　また、同軍管区のいくつかの部隊、例えば最高総司令部予備第360榴弾砲連隊などでは、すべてのトラクターに大規模修理が必要であった。沿バル

表9. 1941年6月1日のキエフ特別軍管区トラクター保有台数

トラクターの種類	軍管区計	砲兵部隊	機甲部隊	他兵科部隊	修理中
STZ-3	961	339	45	380	197
STZ-5NATI	910	269	504	137	—
S-60	874	130	—	343	401
S-65	1823	1441	—	171	211
S-2	60	60	—	—	—
コムソモーレツ	1088	576	342	—	170
コミンテルン	162	39	103	20	—
ヴォロシーロヴェツ	313	68	230	—	15
コンムナール	175	54	—	121	—
合計	6366	2976	1224	1172	994

ト特別軍管区にいたっては、トラクターの大規模修理そのものが、修理施設がないことを理由にまったく行われていなかった。

　中規模修理はもっと惨めな状況にあった。ソ連国防人民委員部修理廠では、適当な修理設備がないために中規模修理は行われておらず、砲兵部隊の兵器と装備は予備部品や設備、工具がないために修理が施されていなかった。

　このように、独ソ開戦時の西部国境軍管区砲兵部隊の牽引・輸送装備は劣悪な状態にあり、その結果、多くの部隊が機動性を失い、補給小隊は弾薬運搬を確実にすることができなかった。

64

64：輸送用トラクター STZ-5NATI は、1941年6月時点で赤軍保有トラクター全体の10%も占めていた。写真は、1941年5月1日のメーデー記念パレードが行われたモスクワの赤の広場でSTZ-5が76.2㎜連隊砲ZIS-3改良型を牽引しているところ。
付記：STZ-5は、スターリングラードトラクター工場で製作された。もともとは民生用トラクターであったが、軍用にも広く用いられた。写真の76.2㎜連隊砲は、いわゆる「ラッチェブム」の1939年型。「ラッチェブム」はドイツ兵の間で使われた俗語で、ドイツ語でratschbumsと書く。意味としては、直訳すればガンと命中した後でパンと発射音が聞こえるということ。対戦車砲の砲弾の飛翔速度が速く、命中した後で発射音が聞こえるさまを強調したもの。76.2㎜連隊砲が代表だが、元来が俗語なので特定の砲だけを指したのではなく、ソ連軍の57㎜対戦車砲なども含めてその種の砲を総称したものであった。

機甲科
АВТОБРОНЕТАНКОВЫЕ ВОЙСКА

　1940年の夏、機械化軍団8個と独立戦車師団2個の編成が始まった。第3及び第6軍団は白ロシア軍管区で、第7軍団はモスクワ軍管区、第2軍団はオデッサ軍管区、第4及び第8軍団はキエフ特別軍管区、第1軍団はレニングラード軍管区、第5軍団はザバイカル軍管区でそれぞれ編成された。また、第9独立戦車師団の編成はキエフ特別軍管区で、第6独立戦車師団のそれはザカフカース軍管区で進められた。ソ連国防人民委員と労農赤軍参謀総長は1940年10月11日付けで、全ソ連邦共産党中央委員会政治局とソ連人民委員会議に次のようなメモを送った――「国防委員会の決定に沿った機械化軍団8個と独立戦車師団2個の編成は基本的に完了。戦車師団も自動車化師団も定数の人員を受領。KV戦車とT-34戦車の工場生産力が不十分なため、戦車師団にはT-26戦車とBT快速戦車を配備」。これらの部隊の編成に、戦車旅団19個と戦車連隊2個、それに狙撃兵

65：演習後のパレードで疾走するBT-7快速戦車（モスクワ軍管区、1939年6月）。
付記：BT戦車は、大直径転輪にストロークの長いコイルスプリングとスイングアームを組み合わせたクリスティ式サスペンションを持ち、非常に優れた高速性能を誇った。

66：車輪走行中のV2ディーゼルエンジン搭載のBT-7M快速戦車。BT-7標準型との唯一の相違点は、変速機室上面の微小孔エアフィルターを装備しているところである。

付記：ディーゼルエンジンの搭載は、燃費の向上や、ガソリンエンジンに比べて火災を起こしにくい特性による、火焰ビン攻撃などへの耐性向上に寄与した。車輪走行は、後部の起動輪の駆動をチェーンで最後部の転輪に伝えて行われた。操向は最前部の転輪をステアリングすることで行われ、写真でも左にステアリングされているのがよくわかる。

師団所属のあらゆる戦車大隊が投入された（極東方面軍の15個師団を除く）。キエフ特別軍管区では1940年10月から11月にかけて、まったく何の計画もないままに第9機械化軍団が編成された。

1941年2月12日、ソ連人民委員会議の『1941年度動員計画に関する政令』にしたがって、さらに12個の機械化軍団の編成が開始された。そして、全ソ連邦共産党中央委員会及びソ連人民委員会議の1941年4月23日付け『赤軍内部の新たな編成に関する政令』では、7月1日までに対戦車砲旅団10個と空挺軍団5個を労農赤軍の既存兵力の範囲内で編成することが計画された。それによると、削減されるべき部隊には第29機械化軍団も含まれ、司令部を解散し、第57及び第61戦車師団と第82自動車化師団はそれぞれ個別に残すこととなった。

ここで指摘しておかねばならないのは、新たに編成された機械化軍団は、兵器も人員も必要な数を受領していなかった点である。この点については、G・ジューコフ赤軍参謀総長が何を考えながら機械化軍団の追加編成の訓令にサインをしたのか、釈然としない。

1941年6月時点の赤軍機甲科の概要は次の通りである――29個の機械化軍団司令部（戦車師団58個と自動車化師団29個）と戦車師団3個及び自動車化師団2個、装甲自動車旅団1個、戦車大隊2個、装甲列車大隊7個、装甲手動車大隊1個、装甲列車3両、騎兵師団戦車連隊9個、山岳騎兵師団独立装甲自動車大隊4個、自動車化狙撃兵師団独立戦車大隊2個、空挺軍団独立戦車大隊5個、狙撃兵師団

独立偵察大隊所属の戦車中隊及び装甲自動車中隊各179個、軍学校及び技能研修所、機甲科試験場の教導諸部隊。

　赤軍機甲科の最上級作戦部隊は機械化軍団であった。それは軍の一部を構成するか、または軍管区司令部や国防人民委員部の直接指揮下に置かれた。機械化軍団の司令部の編成は、総合兵科と騎兵科の部隊司令部を基幹にして行われた。例えば、第1及び第2、第3、第8機械化軍団の各司令部は、第24及び第57、第55、第49狙撃兵軍団司令部を、第6及び第4機械化軍団は第3及び第4騎兵軍団を基幹にそれぞれ編成された。

　機械化軍団は、1940年6月9日に国防人民委員が承認した戦時定数第010/20号に基づいて、戦車師団2個、自動車化師団1個、自動二輪車連隊1個と他兵科諸部隊を抱えていた。

　機械化軍団配下の戦車師団は、既存の個々の戦車旅団や騎兵師団所属の戦車連隊、それに狙撃兵師団の独立戦車大隊を基礎に編成された。自動車化師団は、騎兵部隊や狙撃兵部隊を再編成することによって創設された。

　各戦車師団は、戦車連隊2個と榴弾砲連隊1個、さらに数個の戦闘補助部隊という編制であった。

　戦車師団の中核は戦車連隊であり、各連隊は4個大隊——重戦車大隊1個、中戦車大隊2個、軽火焔放射戦車大隊1個で編成されていた。

　戦車師団自動車化狙撃兵連隊は、自動車化狙撃兵大隊3個を有し、各大隊には狙撃兵中隊3個、機関銃中隊1個、迫撃砲中隊1個があった。

　榴弾砲兵連隊は、榴弾砲を各12門保有する榴弾砲大隊2個を配下に従えていた。

　戦車師団の戦闘活動を補助するために、師団内には偵察、自動車輸送、架橋、修理復旧、通信、高射砲の各1個大隊、それに交通調整中隊1個があった。

　戦車師団の定数は、人員1万940人と戦車375両（KV重戦車63両、T-34中戦車210両、T-26軽戦車及びBT快速戦車102両）、装甲自動車95台、野砲28門（122㎜榴弾砲12門、152㎜榴弾砲12門、76㎜カノン砲4門）、37㎜高射砲12門、50㎜迫撃砲27門、82㎜迫撃砲18門となっていた。

　自動車化師団（定数第05/70号）には、狙撃兵連隊2個、戦車連隊及び砲兵連隊各1個、偵察大隊、高射砲大隊、対戦車砲大隊各1個、さらに他兵科諸部隊が含まれていた。

　自動車化師団の戦時定数は、1万1,650名の人員と軽戦車275両、装甲自動車51台、砲44門（152㎜榴弾砲12門、122㎜榴弾砲16門、76㎜カノン砲16門）、45㎜対戦車砲30門、高射砲12門（37㎜高射

67

68

67〜70：BT-7快速戦車はT-26に次いで2番目に多い赤軍戦車であった。1940年末までに生産された数は約6,000両に上った。

付記：BT-7の主砲は45mm砲、最大装甲厚は22mm、装輪・装軌式の両用走行機能を持ち、最大速度は装軌52km/h、装輪72km/hであった。写真67の主砲上に見えるのは夜間戦闘用のライトだが、破損しやすかったためすぐ廃止された。BT-7シリーズは、原型のBT-7が2,596両、無線機を搭載したBT-7RTが2,017両、76.2mm砲を搭載したBT-7Aが156両、ディーゼルエンジンを搭載したBT-7Mが788両生産された。

71：1940年5月1日、キエフのメーデー記念パレード直前のT-26軽戦車1939年型（円錐形砲塔と傾斜装甲板装備の箱型砲塔基部を搭載している）。

付記：T-26軽戦車1939年型の主砲は45mm砲、最大装甲厚は25mm、最大速度は30km/hであった。写真では1939年型のほかに、手前に円筒形砲塔の1933年型、奥の方には円筒形砲塔に箱型車体の1937年型が見える。

72・73：円筒形砲塔搭載型T-26軽戦車1934年型

付記：円筒形砲塔に無線機を搭載したT-26RTで、ハンドル型のアンテナが特徴。

機関砲8門と76mm高射砲4門）、迫撃砲72門（82mm迫撃砲12門、50mm迫撃砲60門）であった。

　定数第010/20号にしたがって機械化軍団1個に配備されるべき兵器は、戦車1,031両（そのうち、KV戦車126両、T-34戦車420両、BT-7戦車316両、T-26戦車152両、T-37及びT-38戦車17両、BA-20及びBA-10装甲自動車268台、152mm及び122mm榴弾砲76門、76mmカノン砲28門、45mm対戦車砲36門、37mm高射砲32門、82mm及び50mm迫撃砲186門、高射機関銃24挺、機関砲24門、重機関銃168挺、軽機関銃1,210挺、小銃1万7,704挺であった。

　機械化軍団の編制定数運用テストのため、1941年の秋にモスクワ軍管区で試験演習が予定されていた。しかし、独ソ戦が始まったために、赤軍指導部はこのテストを当然実施できなかった。3個師団編制の軍団は、多数の戦車と自らの自動車化狙撃兵部隊と砲兵部隊を有することから、総合兵科部隊と離れても独自に戦闘活動を展

72

73

74・75：T-38水陸両用戦車は、開戦当時はおもに狙撃兵師団の偵察大隊で使用されていた。
付記：T-38はT-37の改良型で、ほぼ同じ外形だが、砲塔の位置が左右逆になっていた。1,217両が生産された。

開することができた。しかし、定数では全部で32門しか配備されない高射砲は、敵機の空襲から部隊を十分に守ることはできなかった。その上、軍団内に約8,500両もの戦闘用、補助用のさまざまな型の車両があったことは（戦車1,031両、装甲自動車268台、自動車5,164台、トラクター352台、オートバイ1,679台）、戦闘行動下における必要予備物資の調達や戦闘・補助車両の修理を困難にした。さらに、この状況は行軍の準備にも高い組織性を要求した。軍団が4列縦隊で行軍した場合、計算では縦列ひとつの長さが約150kmにも達した。それゆえ、これほど長大な縦隊を組んで進む部隊をすべて統率するのはきわめて困難な作業だった。標準装備の通信手段はあまり性能がよくなく、戦闘時の部隊指揮を確実にすることはできなかった。それに、機械化軍団の大半を指揮していたのは戦車畑ではなく、総合兵科出身の将校であり、彼らは理論上の専門教育を受けておらず、装甲兵器の戦闘能力や可能性について十分な知識も持ち合わせていなかった。そのため、近代的作戦における大規模な機械化部隊の用兵は彼らには無理であった。

　兵器、人員の定数充足率の点で機械化軍団は2種類——戦闘軍団とスケルトン軍団[注17]に分類される。

　1941年6月22日時点の機械化軍団の陣容は、表10に示されている。

　全機械化軍団のうちの20個軍団、すなわち赤軍機甲総兵力の約70％は西部国境軍管区に配置されていた。

　人員、装備が最も充実していたのは、1940年に編成された軍団（第1、第2、第3、第4、第6、第8）で、将校は60〜80％、下士官は70〜92％、兵は94〜105％の充足率であった。1941年春に編成された軍団の定数充足率はもっと低く、とりわけ西部特別方面軍の第17及び第13、第14軍団の人員充足率は、それぞれ50.5％、54.4％、58.9％に過ぎなかった。

　新型戦車の配備に最も恵まれていたのは、西部特別軍管区の第6機械化軍団、キエフ特別軍管区の第4、第8、第15機械化軍団であった。しかし、西部国境軍管区に配置された軍団の約半数には、KVやT-34などの戦車が1両もなく、さらに、軍団所属戦車連隊のうちの27個連隊は、戦車そのものすら持っていなかった。ソ連国防人民委員の指示によれば、このような戦車連隊は45mm砲及び76mm砲で武装し、必要な場合には対戦車部隊として活用することになっていた。しかし、対独戦が始まったためにこのような措置は実施することもできず、ただキエフ特別軍管区の第19及び第24機械化軍団においてのみ部分的に実行に移されただけであった。

　西部国境軍管区所属の機械化軍団は定数によると、各種用途の自動車10万3,280台とトラクター7,040台、それにオートバイ3万

[注17] 部隊としての骨格だけが整えられていて、人員未充足の部隊。（監修者）

表10. 1941年6月の赤軍機械化軍団の編制と配置

機械化軍団番号	司令部駐屯地	所属	軍団長（任命日）；編制
第1	レニングラード州ルーガ市	レニングラード軍管区	M・L・チェルニャーフスキー戦車少将（1941年1月21日）；1,3td/163md/5mtsp/202obs/50omib
第2	チラースポリ市	オデッサ軍管区、最高総司令部予備	Yu・V・ノヴォセーリスキー中将（1940年6月4日）；11,16td/15md/6mtsp/182obs/49omib/102oae/243pps
第3	ケイダーヌィ（ケダイニャイ：それ以前はカウナス）	沿バルト特別軍管区第11軍	A・V・クールキン戦車少将（1941年1月27日）；2,5td/84md/1mtsp/132obs/46omib/15pps
第4	1941年6月15日～18日の間に演習発令によりリヴォフ市から同市西方25～30kmの地区に移動	キエフ特別軍管区第6軍	A・A・ヴラーソフ少将（1941年1月17日）；8,32td/81md/3mtsp/184obs/48omib
第5	ベルディーチェフ市（以前はザバイカル鉄道第77待避駅）	最高総司令部予備第16軍	I・P・アレクセーエンコ戦車少将（1941年3月11日）；13,17td/109md/8mtsp/255obs/55omib（ザバイカル軍管区からキエフ特別軍管区に駐屯地移転）
第6	ベロストーク市	西部特別軍管区第10軍	M・G・ハツキレーヴィチ少将（1940年6月4日）；4,7td/29md/4mtsp/185obs/41omib
K・B・カリノーフスキー記念第7	モスクワ市	モスクワ軍管区	V・I・ヴィノグラードフ少将（1940年6月4日）；14,18td/1md/9mtsp/21obs/42omib
第8	ドロゴブイチ市	キエフ特別軍管区第26軍	D・I・リャービシェフ中将（1940年6月4日）；12,34td/7md/6mtsp/192obs/45omib
第9	ノヴォグラード・ヴォルィンスキー市	キエフ特別軍管区	K・K・ロコソーフスキー少将（1940年11月28日）；20,35td/131md/32mtsp/153obs/2omib/157野戦パン製造所
第10	プーシキン市	レニングラード軍管区	I・G・ラーザレフ戦車少将（1941年3月11日）；21,24td/198md/7mtsp/386obs/34omib/65国営銀行野戦現金取扱所
第11	ヴォルコヴイスク市	西部特別軍管区第3軍	D・K・モストヴェンコ戦車少将（1941年3月11日）；29,33td/204md/16mtsp/456obs/64omib
第12	1941年6月18日警報発令によりエルガーヴァ市からシャウリャイ市北東の森林に移動	沿バルト特別軍管区	N・M・シェストパーロフ少将（1941年3月11日）；23,28td/202md/10mtsp/380obs/47omib/790pps/688国営銀行野戦現金取扱所
第13	ベーリスク・ポドリャースキ市	西部特別軍管区第10軍	P・N・アフリューフチン少将（1941年2月27日）；25,31td/208md/18mtsp/521obs/77omib
第14	コーブリン市	西部特別軍管区第4軍	S・I・オボーリン少将（1941年3月11日）；22,30td/205md/20mtsp/519obs/67omib
第15	ゾローチェフ市	キエフ特別軍管区	I・I・カルペゾー少将（1941年3月11日）；10,37td/212md/25mtsp/544obs/65omib
第16	カメネーツ・ポドーリスキー市	キエフ特別軍管区第12軍	A・D・ソコローフ師団長（1941年3月11日）；15,39td/240md/19mtsp/546obs/78omib
第17	バラーノヴィチ市	西部特別軍管区	M・P・ペトローフ少将（1941年3月11日）；27,36td/209md/22mtsp/532obs/80omib/381国営銀行野戦現金取扱所

機械化軍団番号	司令部駐屯地	所属	軍団長（任命日）;編制
第18	アッケルマン市	オデッサ軍管区第9軍	P・V・ヴォーロフ少将（1941年3月11日）;44,47td/218md/26mtsp/552obs/68omib/118oae
第19	ベルディーチェフ市	キエフ特別軍管区	N・V・フェクレンコ戦車少将（1941年3月11日）;40,43td/213md/21mtsp/547obs/86omib
第20	ボリーソフ市	西部特別軍管区	A・G・ニキーチン少将（1941年3月11日）;26,38td/210md/24mtsp/534obs/83omib
第21	イドリツァー市	最高総司令部予備	D・D・レリュシェンコ少将（1941年3月11日 ）;42,46td/185md/11mtsp/127obs/590omib
第22	ローヴノ市	キエフ特別軍管区第5軍	S・M・コンドルーセフ少将（1941年3月11日 ）;19,41td/215md/23mtsp/549obs/89omib
第23	ヴォロネジ市	オリョール軍管区	M・A・ミャスニコーフ少将（1941年3月11日 ）;48,51td/220md/27mtsp/550obs/82omib/123oae/758pps/503国営銀行野戦現金取扱所
第24	プロスクーロフ市	キエフ特別軍管区	V・I・チスチャコーフ少将（1941年3月11日 ）;45,49td/216md/17mtsp/551obs/81omib
第25	ハリコフ市	ハリコフ軍管区	S・M・クリヴォシェイン少将（1941年3月11日）;50,55td/219md/12mtsp/133obs/60omib
第26	アルマヴィール市	北カフカース軍管区	N・Ya・キリチェンコ少将（1941年3月11日）;52,56td/103md/27(?)mtsp/548obs/88omib
第27	マールィ市	中央アジア軍管区	I・E・ペトローフ少将(1941年3月11日);9,53td/221md/31mtsp/553obs/84omib
第28	エレヴァン市	ザカフカース軍管区	V・V・ノーヴィコフ少将(1941年3月11日);6,54td/236md/13mtsp
第30	マンゾーフカ駅	極東方面軍第1赤旗軍	V・S・ゴルボーフスキー中将(1941年3月11日);58,60td/239md/29mtsp

凡例：md－自動車化師団、mtsp－自動二輪連隊、oae－独立航空大隊、obs－独立通信大隊、omib－独立自動車化工兵大隊、pps－野戦郵便局、td－戦車師団
（第16軍団軍団長の階級「師団長」は旧階級制のままで、新階級でいえば少将と中将の中間に位置する：著者注）

表11. 1941年6月22日時点の機械化軍団定数充足率

機械化軍団番号	機械化軍団の種類	人員数	定数充足率(%)	戦車数	定数充足率(%)
第1	戦闘軍団	31348	87	1039 (15)	100
第2	〃	32396	90	527 (60)	51
第3	〃	31975	87	672 (110)	65
第4	〃	33734	97	892 (414)	86
第5	〃	?	?	2602 (0) (57,61td/82md含)	100以上
第6	〃	32482	99	1022 (352)	99
第7	〃	?	?	?	約70
第8	〃	31927	92	858 (171)	83
第9	〃	31524	90	286 (0)	28
第10	〃	26065	72	469	46
第11	〃	30734	99	243 (31)	24
第12	〃	29998	83	730 (0)	71
第13	縮小軍団	29314	89	295 (0)	29
第14	戦闘軍団	29680	90	534 (0)	51
第15	〃	33935	94	733 (136)	71
第16	〃	26380	73	478 (76)	46
第17	縮小軍団	29529	90	36 (0)	4
第18	〃	26879	75	282 (0)	27
第19	〃	21687	63	279 (14)	27
第20	〃	29468	89	93 (0)	9
第21	〃	?	?	?	?
第22	戦闘軍団	30320	87	652 (31)	63
第23	縮小軍団	?	?	413 (21)	40
第24	〃	21556	60	222 (0)	22
第25	〃	?	?	300 (20)	29
第26	〃	?	?	184 (0)	18
第27	〃	?	?	356 (0)	35
第28	戦闘軍団	?	?	869 (0)	84
第29	〃	軍団司令部は1941年6月22日時点には解散されていた			
第30	〃	?	?	2,969 (0) (59td,69md含)	100以上

凡例：md－自動車化師団、td－戦車師団
(カッコ内数字はKV重戦車またはT-34中戦車の内数：著者注)

76・77：1941年6月時点で赤軍が保有していた水陸両用戦車T-37Aは2,331両を数えたが、可動状態にあったのはそのうちの半数にも満たなかった。

付記：T-37は車体後部にスクリューと舵を備え、水上浮航速度6km/hを発揮できた。車体左右のフェンダー部分には浮力を得るためのカポックが封入されていた。1933年から1936年までに、T-37Aが1,909両、無線機搭載型のT-37RTが643両生産された。

3,580台が配備されるはずであった。ところが、1941年6月1日時点で機械化軍団が実際に保有していたのは、自動車3万9,816台、トラクター3,111台、オートバイ5,699台に過ぎなかった。第1、第2、第3、第6、第4、第8の各機械化軍団は補助車両の配備は比較的良好であったが、1941年春に編成が始まった軍団の自動車輸送手段の保有状況はかなり悪かった。例えば、第11、第13、第17、第20、第19、第24機械化軍団所属部隊の開戦当時の自動車定数充足率は、わずか6～19％程度に過ぎなかった。

しかも、配備されていた自動車輸送手段の品質も悪く、多くの車両が大なり小なり修理を必要としていた。沿バルト特別軍管区が保有していた1万3,860台の自動車のうち、要修理車両は約5,000台、すなわち36％の割合を占めた。自動車輸送手段を巡る状況は他の軍管区でもあまり変わらない。

故障車両の復旧作業は、必要な修理資材や予備部品が欠如していたため、遅々として進まなかった。機械化軍団配下の各大隊は、タイヤの深刻な欠乏に悩まされていた。保有車両にすでに装着してあったタイヤはひどく磨耗し、早急な取り替えが求められていた。例えば、第8機械化軍団内のタイヤの磨耗の程度は75％に達していた。

兵器の配備状況が最も劣悪であったのは、第11、第16、第17、第18、第19、第20機械化軍団で、それらの定数充足率は0～40％の間に留まった。一方、兵器に恵まれたのは、第1、第2、第3、第4、第6、第8機械化軍団で、これらの砲兵・歩兵火器の充足率は100％に近かった。

機械化軍団の砲兵部隊は定数の弾薬を保有しておらず、特に新型

78：1940年6月までに多くのT-27豆戦車が45㎜対戦車砲牽引車に改造された。
付記：T-27はイギリス製のカーデン・ロイド・タンケッテをライセンス取得して、ロシアで生産された車両で、1931年から1933年までに2,540両が生産された。機関銃1挺に最大装甲厚10㎜と戦闘能力は低かった。

79・80：ヴォロシーロヴェツ重牽引トラクターは、1941年夏までに労農赤軍が制式採用した戦車全種（重戦車を含む）を牽引することができた。
付記：このトラクターは1937年に開発され、1939年から1941年まで230両が完成し、1942年まで生産が続けられた。エンジンにはBT-7Мに使用されたものと同じV-2ディーゼルエンジンを搭載していた。写真80でヴォロシーロヴェツが牽引している車両はT-28戦車である。

79

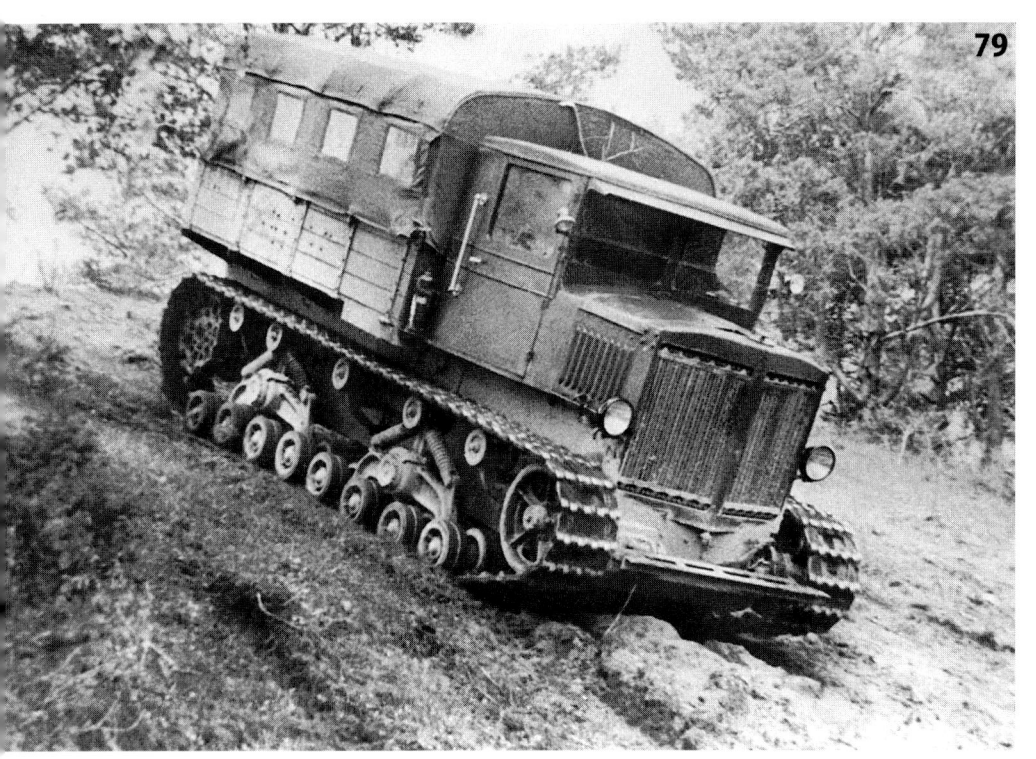

80

の中戦車、重戦車用の弾薬不足が深刻だった。レニングラード、沿バルト特別、西部特別各軍管区の機械化軍団にはKV-2戦車用152mm戦車砲の砲弾がまったくなく、キエフ特別及びオデッサ両軍管区の機械化軍団ではこれらの砲弾充足率がわずか10〜15％程度であった。全機械化軍団の76mm戦車砲弾の配備率は12％を超えず、この数をさらに下回る部隊もあった。KV重戦車とT-34中戦車用の弾薬が不足していたことは、これらの戦車の火力はもちろん、戦闘能力そのものの低下につながった。

　45mm徹甲弾の配備状況も芳しくなかった。レニングラード、沿バルト特別、オデッサの各軍管区には、この種の徹甲弾がそもそもなかった。弾薬を十分に保有していたのは、キエフ特別軍管区の第4及び第8機械化軍団だけである。

　機械化軍団配下部隊に1941年4月〜5月期召集兵が大量に編入されたことに伴い、赤軍機甲科戦闘訓練局は新規召集兵教育プログラムの修了期間短縮の特別指示を出した。

　1941年10月1日までの新規補充兵教育期間は次のような計算に基づいていた。兵1名及び乗員1組の訓練は7月1日まで、小隊レベルの訓練は8月1日まで、中隊レベルでは9月1日まで、大隊訓練の完了は10月1日を目途とされた。つまり、戦車部隊が戦闘活動を遂行できるようになるのは、ようやく1941年の年末でしかないのが判る。

　新規補充兵が機械化軍団所属部隊に到着する期間は、3〜4カ月とかなり長引いた。これは、兵を均一なレベルに養成するのを困難

81・82：ガソリン給油車（写真81はZIS-5、写真82はGAZ-AAトラックをそれぞれ改造したもの）。

付　記：GAZ-AAは1934年から生産が始められた小型の1.5 tトラック、ZIS-5は1933年から生産が始められた木製角型キャビンを持つ小型の3tトラックである。

81

にし、部隊レベルの訓練を計画的に進めるうえで障害となった。戦車部隊の戦闘訓練を複雑にしたもうひとつの要因は、「民族問題」であった。1940年12月、労農赤軍幹部連絡会議の席上、赤軍機甲総局のYa・フェドレンコ局長はこう述べた――「戦車師団と戦車旅団には約24の民族籍の人間がおり、そのうち15に上る民族はロシア語をまったく話すことができず、したがって彼らに戦車操縦を所定期間内に教え込むことは困難であります。彼らがロシア語を話せないとなると、どうやって教育することができましょう？　私は多民族に反対なのではありません。しかし、彼らがロシア語を理解し、読み書きできる必要はあります。つまり、戦車のことは知らない、無線で話すこともできないという有様で、下士官訓練に支障が出ています。戦車部隊に配属される民族の数は縮小されなければならないと思います」。しかし、1941年になってもこの面では何の変化もなかった。

　指揮官、とりわけ中隊長、小隊長が大幅に不足していたことは、戦闘訓練の準備と実施に悪影響を及ぼした。さらに、多くの将校は兵員教育の経験が乏しく、その実践に未熟であった点も指摘しておかねばならない。これは特に、狙撃兵部隊から戦車部隊に転属となった指揮官についていえる。教習用、戦闘用車両の保有数や自動車輸送手段が定数に満たず、予備部品が不足していたため、戦闘訓練、とりわけ兵員の戦術、射撃、技術といった科目の訓練を実施する可能性はかなり狭められた。

　戦車部隊の大半はよく整備された射撃場も戦車操練場も持たず、

83：トラックGAZ-AAは赤軍保有自動車の主要車種であった（モスクワ、1938年11月7日の赤の広場における社会主義革命記念日パレード）。
付記：GAZ-AAはフォードトラックをベースにGAZで開発された民生用の4×2トラック、GAZ-MMを簡略化したもので、GAZ-M 50馬力ガソリンエンジンを搭載していた。

84：軽装甲自動車BA-20は踏破性能の低さから、路上でのみ使用可能であった。
付記：BA-20はGAZ-M1をベースにした装甲車で、機関銃1挺を装備、装甲厚は6mmであった。路上最大速度は90km/hを発揮できたが、不整地走行能力は低かった。

85・86：1939年に制式採用された装甲自動車BA-11は、BA-10よりも性能的に優れていたが、対独戦までに生産された数はわずか20台程度に過ぎなかった。
付記：BA-11は、ZIS-34をベースに新開発されたもので、BA-10の2倍近い馬力を持っていた。このため最大速度は64km/hにアップし、走行性能も改善された。また装甲厚は13mmに強化され、車体・砲塔形状も傾斜した良好なデザインになっていた。

85

86

教習用具や視覚教材もなかった。そして、とりわけ重要な操典や指導書、教本なども不足していた。

1940年編成の機械化軍団の大小部隊では、より組織的な戦闘訓練が行われた。1941年春に実施された監査の結果は、冬期訓練課題が基本的に達成されたことを物語っていた。しかし、他の機械化軍団で計画教育が始まったのはだいたい1941年の4月や5月、つまり対独戦勃発の直前のことであった。

機械化軍団戦車兵の大多数は、定数の装備がなかったために、新型のKV重戦車やT-34中戦車の操縦に慣熟していなかった。戦闘車両の縦隊行軍の訓練もできていなかった。弾薬割当も削減されたため、各部隊は戦車砲による射撃を完全に習得することができなかった。

1941年春に編成された部隊の士官訓練は、断続的にしか進まなかった。軍団によっては、例えば第12機械化軍団では訓練そのものが実施されていなかった。その原因は、士官数が定数にまったく届かず、しかも配属済み将校は下級配下部隊の編成作業に忙殺されていたからである。

1941年5月に第9機械化軍団司令官のK・ロコソーフスキー少将は、軍団将校の訓練水準に関する報告書で次のような指摘を行っている——「士官はいまだもって、自分の部隊の指揮に十分慣れておらず、その技能も持たない。なぜならば、彼らの大半はその任について日が浅く、短期間（2～3カ月）のうちに経験を積んで、勉強することができなかったからである」。

各部隊の作戦指揮野外演習は2～3日間にわたって続いた。機械化軍団内で実施された作戦指揮演習のテーマは、各部隊や参謀部の攻撃時の活動を想定した課題が中心であった。

防衛的性格の課題には、訓練計画の中ではあまり注意が払われておらず、防衛作戦訓練は1941年6月1日以降に始められることになっていた。

戦車部隊の装備には雑多な兵器が入り混じっていた。そこには、過去に国内で生産されたあらゆる種類の戦闘車両があった。このことは、兵器の修理や整備に多大な困難をもたらした。そのうえ、1939年9月のポーランドにおける軍事行動とそれに続く部隊の配置転換（このとき、各戦車は約100～120エンジン作動時間を消費した）によって兵器がかなり損耗していた。1940年から1941年の間、戦闘訓練や新部隊の編成に伴うさまざまな行軍の過程で、各戦車はさらに50～80エンジン作動時間を消費した。こうして、対独戦開始時の機械化軍団所属の大半の戦車（とりわけ1931年～1939年生産分）は可動余力が75～100エンジン作動時間しか残っていなかった。

87・88：1940年5月1日、キエフのメーデー記念パレードにおける装甲自動車BA-10。これは、開戦前の赤軍が最も大量に保有していた装甲自動車であった。

付記：BA-10は、BA-1（本車のみフォードトラックの車台を使用して製作された）以来の一連のGAZ-AAAベースの重装甲車シリーズの最終発展型で、1938年から生産が開始された。6輪のトラック車台に装甲を被せ、後部に戦車型と同じ砲塔を搭載していた。攻撃力は強力だったが、機動力には問題があった。

87

88

89：1940年、キシニョーフのパレードに姿を現した、76.2mm野砲1902/1930年型を搭載した半装軌式万能車ZIS-22。76.2mm野砲は、1930年の改良で長砲身化されたが、車輪は旧来の木製のままで、牽引速度が制限されるため、車両運搬されることになった。射撃は車両から降ろして行われた。

付記：76.2mm野砲は、もともとはツァーリ時代の旧式砲で、1941年当時もまだソ連軍で大量に使用されていた。

90：当時の労農赤軍が配備していた唯一の自走砲は、122㎜榴弾砲搭載型か、または写真にあるような152㎜榴弾砲搭載型のSU-5であった。しかし、その生産台数はわずか24両であった。
付記：SU-5は、T-26戦車の車体を流用して開発された自走砲で、76.2㎜榴弾砲を搭載したSU-5-1、122㎜榴弾砲を搭載したSU-5-2、152.4㎜迫撃砲を搭載したSU-5-3の3タイプがあった。このうちSU-5-2とSU-5-3が少数生産された。

91：1941年6月の時点で赤軍は132両の水陸両用戦車T-40を保有していた。
付記：T-40は、旧式化したT-37、T-38に代わるべく開発された偵察用の水陸両用戦車で、1940年に生産が開始された。武装には12.7㎜機関銃を装備し最大装甲厚は13㎜と、T-37、T-38よりは性能が向上していたものの、この性能では1940年〜1941年時点ではもはや役には立たず、すぐに生産が打ち切られた。

［注18］銘柄にMの文字があることから。（訳者）

　輸送車両についても事情は芳しくなかった。赤軍保有自動車の中心は、積載能力1.5〜2tのトラックであるGAZ-AAとGAZ-AAA、それに積載能力3〜4tクラスのZIS-5及びZIS6であった。さらに、ヤロスラヴリ自動車工場生産の5tトラックYaG-4とYaG-6、そして8tトラックのYaG-10を少数ながら保有していた。これらのトラックはみな民生用車両であったが、軍隊内でも設計・仕様変更なしにそのまま用いられた。それゆえ、性能面からして軍用、特に戦闘時の使用にはあまり適さなかった。ドイツ国防軍と異なり、開戦時の赤軍内には路外機動性能の高い自動車は実質的に皆無であった。それこそ、GAZやZISを基礎に開発された半装軌式全輪駆動車のGAZ-60（B）とZIS-22（B3）があったが、その数は少なく、性能面でも満足できるものではなかった。

　同じような状況が乗用自動車についても言える。赤軍は、GAZ-A、GAZ-M1とZIS-101の3種類の乗用自動車を保有していた。最も大量にあったのは、当時「エムキー」［注18］と親しみをこめて呼ばれていたGAZ-M1であった。7人乗りのZIS車は高級司令官用（軍団、軍、軍管区の司令官クラス）であった。これらの車両は軍用に仕様変更はされておらず、踏破性能は低かった。ただ例外だったのは、GAZ-61乗用自動車である。これは、「エムキー」を軍用に改良した全輪駆動タイプ（装輪形式4×4）であった。しかし、その生産台数は非常に少なかった。

92

問題がもっと深刻だったのは、水油供給車やタンクローリー、緊急修理車（車載型野戦修理施設）などの特殊車両であった。これらの車両の工場生産量は非常に限られ、例えば、1940年はZIS-5車台のタンクローリー2,000台とZIS-6改造型水油供給車150台の生産が計画されていたにもかかわらず、生産実績はそれぞれ、たったの155台と1台！だった。そのため、各機械化軍団の水油燃料供給車の充足率は、7～40％の範囲に留まった。西部特別軍管区などでは、戦車部隊のこれらの車両の充足率は15％程度であった。

緊急修理車の配備状況はもう少しましであった。部隊運用されたのはA型（GAZ車台）とB型（ZIS車台）の2種類で、その機械化軍団への配備率は27～29％程度である。ただし、多数の緊急修理車、特に民生用が転用されたものは、工具や必要な装置がかなり不足していた。さらに、機械化軍団の修理部隊は予備部品を実質的に持っていなかった。そのため、要修理の戦闘車両や補助車両の復旧作業の進み具合はきわめて遅かった。

最近は、開戦前の赤軍装甲兵器について、質量両方の観点からの議論が盛んであるが、本書でもこの点を検証してみたい。

戦闘車両に関するデータは、赤軍内部では1940年1月10日付け

92・93：開戦を迎えた時、かなり大量のBT-5快速戦車が騎兵師団配下の戦車連隊に配備されていた。
付記：BT-5はBT-2の改良型で、武装強化のためT-26と共通の円筒形をした45mm砲装備の砲塔を搭載している。標準型のBT-5が1,621両、無線型のBT-5RTが263両生産された。車体はBT-2とそれほど変わらないが、エンジンが強化され、写真93に見られるように転輪が新型のディスクホイールとなっている。

ソ連国防人民委員部指令第15号に基づいて行われてきた。この指令にしたがって、4月1日から『赤軍内の登録及び報告に関する指針』が導入された。『指針』によると、戦車を含む軍資産はその状態に応じて5つのカテゴリーに分類される――

第1カテゴリー：新品の未使用状態で、技術的要求に応える、本来の用途に使用可能なもの；

第2カテゴリー：すでに使用中であり、十分可動状態にあり、本来の用途の使用に適するもの；

第3カテゴリー：軍管区修理廠での修理（中規模修理）を必要とするもの；

第4カテゴリー：中央修理廠や工場での大規模修理を必要とするもの；

第5カテゴリー：使用に耐えないもの。

　独ソ戦前夜の赤軍の戦車保有概況（軍管区別、カテゴリー別）は表12、西部国境軍管区の戦車配備状況は表14～18に示されている。さらに、表19からは1941年6月21日までの新型戦車供給状況がわかる。装甲自動車に関しては、6月1日時点の資料が入手できなかったため、1940年1月1日時点の赤軍の保有台数を表13に取りまとめた。この表からも、赤軍が保有していた装甲自動車が、1920年

表12. 1941年6月1日時点の赤軍保有重戦車台数

車種	西部国境軍管区	アルハンゲリスク軍管区	ザバイカル軍管区	ザカフカース軍管区	モスクワ軍管区	オリョール軍管区	沿ヴォルガ軍管区	北カフカース軍管区	シベリア軍管区	中央アジア軍管区	ウラル軍管区	ハリコフ軍管区	極東方面軍	倉庫及び修理廠	労農赤軍計	第1カテゴリー	第2カテゴリー	第3カテゴリー	第4カテゴリー
KV	469	—	—	—	4	8	19	—	—	—	—	4	—	—	504	420	81	3	—
T-35	51	—	—	—	2	—	6	—	—	—	—	—	—	—	59	—	48	5	6
T-34	832	—	—	—	5	16	23	—	—	—	—	16	—	—	892	845	46	1	—
T-28	424	—	—	—	8	19	10	—	—	—	—	—	—	39	481	—	292	100	89
BT-7	2801	—	957	—	245	19	48	—	—	—	—	—	339	38	4446	47	3658	526	215
BT-7A	65	—	19	—	3	—	2	—	—	—	—	—	28	—	117	4	83	19	11
BT-7M	442	—	—	—	214	—	14	—	—	50	—	—	—	—	702	2	688	13	2
BT-5	878	—	318	31	28	52	32	84	—	72	—	4	96	95	1690	2	1260	153	275
BT-2	396	—	11	4	65	65	38	2	—	3	—	3	2	5	594	—	429	112	53
T-26	4221	—	635	637	277	67	73	2	53	217	—	173	2100	294	8749	951	6438	522	838
KhT-26	128	—	19	19	50	14	14	3	—	1	—	—	12	62	308	—	178	34	96
KhT-130	180	—	81	7	31	—	2	—	10	3	—	4	170	12	500	10	428	38	24
KhT-133	179	—	—	105	37	—	3	—	—	—	—	—	—	—	327	2	306	16	3
KhT-134	—	—	—	—	2	—	—	—	—	—	—	—	—	—	2	—	2	—	—
TT-26	26	—	—	—	27	—	—	1	—	—	—	—	—	—	53	1	52	—	—
TU26	29	—	—	—	32	—	—	—	—	—	—	—	—	—	61	1	58	1	—
ST-26	12	—	—	3	26	7	1	—	2	—	—	4	9	—	57	—	12	5	40
T-26牽引型	100	—	47	—	18	7	9	1	—	—	—	4	10	10	211	1	140	29	41
T-40	115	1	—	—	4	—	12	—	2	—	—	—	—	—	132	114	17	1	—
T-38	468	1	146	22	46	20	48	22	44	14	—	59	155	84	1129	104	629	179	217
T-37	1081	25	310	52	93	73	97	44	109	3	53	42	288	61	2331	112	1371	426	422
T-27	1087	16	134	15	173	146	205	80	98	8	36	79	293	188	2558	—	1134	584	840
SU-5	17	—	—	—	—	—	—	—	—	—	—	—	11	—	28	—	16	7	5
計	13981	42	2677	895	1390	474	656	238	316	371	89	388	3513	897	25932	2612	17366	2775	3179

凡例：ST—工兵戦車、SU—自走砲、KhT—化学戦車、TT—誘導戦車、TU—遠隔戦車
(KhT化学戦車は、火炎、火焔、ガスなど化学物質を放射する戦車で、火焔放射型が中心。TT戦車は有人・無人両方の走行が可能。TU戦車は有人で、火炎放射器や機関銃で武装していた：著者注)

102

表13. 1941年1月1日時点の赤軍装甲自動車保有台数

車種	ブルハン ゲリスク 軍管区	ザバイ カル 軍管区	サカフ カース 軍管区	西部 特別 軍管区	キエフ 特別 軍管区	レニン グラード 軍管区	モスクワ 軍管区	オデッサ 軍管区	オリョール 軍管区	沿バルト 特別 軍管区	沿 ヴォルガ 軍管区	北カフ カース 軍管区	シベリア 軍管区	中央 アジア 軍管区	ウラル 軍管区	ハリコフ 軍管区	極東 方面軍	労農 赤軍合計
BA-10標準型 ※	—	58	25	178	387	211	138	94	—	327	1	—	5	—	5	—	27	1456
BA-10無線型 ※	—	311	43	184	131	—	43	20	5	33	3	—	—	1	—	—	10	784
BA-11	—	—	—	—	8	—	—	—	—	—	1	—	—	—	—	—	—	9
BA-9	—	—	—	—	—	1	—	—	—	—	1	—	—	—	—	—	—	2
BA-6標準型	—	44	3	5	3	—	11	—	1	5	5	2	2	2	4	—	74	161
BA-6無線型	—	23	—	—	—	18	—	—	—	—	1	—	—	9	—	—	8	58
BA-3	—	2	4	30	12	2	2	2	1	—	—	—	2	30	—	1	9	96
BAI	—	48	—	—	11	—	2	—	1	—	2	8	—	7	—	—	—	77
D-13	—	—	—	—	—	1	1	3	—	—	—	—	—	—	—	—	—	8
BA-27	—	9	4	10	12	—	8	17	14	4	25	25	14	31	5	10	—	174
BA-20標準型 ※	—	23	2	74	90	—	127	5	3	106	1	1	—	—	9	1	35	491
BA-20無線型 ※	—	243	53	41	67	136	38	38	1	17	8	9	—	34	—	4	1	690
FAI	1	76	3	22	73	37	8	13	3	3	6	4	—	—	3	2	122	376
D-8/D-12	—	1	—	—	—	—	7	2	—	—	5	—	—	—	5	13	—	33
計	1	837	137	545	794	406	385	191	32	495	58	49	23	114	31	31	286	4415

（※6月1日までに本軍はさらに840両のBA-10と401両のBA-20を受領した。それらの大半は西部国境管区の部隊に配備された：著者注）

凡例：BAI－工兵装甲自動車、D－設計者ディレンコフ、FAI－イジョールスク工場製フォードA型

代末のBA-27に始まり、1940年製造のBA-11まで種々雑多であったことが明らかである。

　ここでは、問題の本質の把握を容易にするため、赤軍全体のデータではなく、レニングラード、沿バルト特別、西部特別、キエフ特別、オデッサのいわゆる西部国境5軍管区に限って検証してみることにする。それらの分析結果は、赤軍全体についてもいえるからである。

　6月1日現在、これら5軍管区に配備されていた戦車は1万3,981両を数えた。そのうち、第3及び第4カテゴリー（すなわち、中規模、大規模修理を必要としたもの）に入る戦車は2,838両、または全体の20％であった。まず、第2カテゴリーの戦車に目を向けてみよう。第2カテゴリーとは、使用中であって、十分可動状態にあり、本来の目的に使用できるか、または応急修理を必要とするものであることは前述の通りである。戦車の応急修理とは、蓄電池や履帯、転輪の交換などをいう。赤軍が予備部品の調達に大きな問題を抱えていたことを考えると、この第2カテゴリーのある程度の部分も戦闘不能であったことが考えられる。

　例えば、西部特別、キエフ特別両軍管区の機械化軍団では、BT快速戦車用転輪ゴムやT-26軽戦車用履板の不足は救い難いレベルにあり、さらに戦車全種の履帯ピンの不足も深刻であった。その結果、いくつかの配下部隊では三分の一に上る戦車が、第2カテゴリーとして登録されていながらも、実際には動くことのできない状態にあった。この推察は、ウクライナ内務人民委員のアルイモフが上司のソ連内務人民委員L・ベリヤに宛てて、キエフ特別軍管区内での監査結果を報告した、1941年5月11日付けの複数の書簡によっても証明される（それらの写しは、労農赤軍機甲局のフェデレンコ

94：T-34中戦車1940年型。
付記：傑作戦車の誉れ高いT-34。BT戦車に代わるべく開発された新型中戦車で、強力な武装、傾斜装甲を本格的に採用した堅固な装甲、BT譲りの高い機動力など、戦車として理想的な性能を備えていた。その実力はドイツ戦車をはるかに上回っていたが、戦車兵の経験不足もあり独ソ戦開戦時には十分活躍できなかった。

95：1940年、キエフ特別軍管区で行われた秋季演習におけるKhT-133化学（火焰放射）戦車。
付記：OT-133とも呼ばれる。T-26 1939年型をもとに、主砲に代えて火焰放射機を装備している。火焰放射機の射程は35〜50mであった。ソ芬戦争でマンネルヘイム線の攻撃に使用された。

96：KhT-26化学（火焰放射）戦車は1941年には老朽化が激しかったが、部隊配備されたままであった。
付記：前出のKhT-133とOT-133の呼称と同様、OT-26とも呼ばれる。2砲塔のT-26 1931年型をもとにして、右側砲塔に火焰放射機を装備している。左側砲塔は撤去され、その下は放射燃料タンクとなっている。1933年から1934年に少数が生産された。

表14. レニングラード軍管区配備戦車の概況（1941年6月1日）

車種	第1カテゴリー	第2カテゴリー	第3カテゴリー	第4カテゴリー	計
KV-1	1	3	—	—	4
KV-2	2	—	—	—	2
KV小計	3	3	—	—	6
T-34標準型	1	3	—	—	4
T-34無線型	3	1	—	—	4
T-34小計	4	4	—	—	8
T-28	—	69	7	13	89
BT-7標準型	—	214	23	18/11	255
BT-7無線型	—	177	17	2	196
BT-7A	—	9	—	3	12
BT-7M標準型	—	1	—	—	1
BT-5標準型	—	193	26	23/10	242
BT-5無線型	—	25	4	2	31
BT-2	—	137	19	4/1	160
T-26二砲塔型	—	65	8	14	87
T-26標準型	—	196	17	9	222
T-26無線型	—	195	23	4	222
KhT-26	—	51	12	1	64
KhT-130	—	11	1	—	12
KhT-133	—	60	7	—	67
TU-26	—	3	—	—	3
ST-26	—	—	1	1	2
T-26牽引型	—	11	6	—	17
T-40標準型	—	1	—	—	1
T-38標準型	—	46	12	2	60
T-38無線型	—	—	1	—	1
T-37標準型	—	70	32	9	111
T-37無線型	—	6	1	—	7
T-27牽引型	—	28	35	38	101
戦車合計	7	1575	252	143/22	1977

第4カテゴリーのデータの中で／の右側の数字はすでに修理廠に送られた分の車両数を示す（以下、表15～表18まで同様）。

局長にも送付された）。そのひとつの書簡には次のような指摘があった——「ソコローフ同志の機械化軍団で実施された監査は、可動ながらも応急修理を要するとされた戦車（保有車両の大半）の多くが、その通りに見なすことはできないことを如実に示しています。なぜならば、半数に上る戦車が長期使用の末に損耗した履帯を交換しなければならないにもかかわらず、軍の倉庫にも軍管区の倉庫にも予備履帯が欠如しているからです。つまり、このような戦車は戦闘不能であるとの結論に至ります……」。あいにく、第2カテゴリーに分類された戦車のうち何両が本当に修理を必要としたのかを確認することはできなかった。そもそもそのような情報は公文書の記録に残っていないのかもしれない。しかし、個々の部隊に関して手

表15. 沿バルト軍管区配備戦車の構成（1941年6月1日）

車種	第1カテゴリー	第2カテゴリー	第3カテゴリー	第4カテゴリー	計
KV-1	40	17	2	—	59
KV-2	13	6	—	—	19
KV小計	53	23	2	—	78
T-34標準型	30	—	—	—	30
T-34無線型	20	—	—	—	20
T-34小計	50	—	—	—	50
T-28	—	24	29	4	57
BT-7標準型	4	226	38	7/4	275
BT-7無線型	1	242	41	12/10	296
BT-7A	—	17	3	—	20
BT-7M標準型	—	1	—	—	1
T-26二砲塔型	—	22	—	3/3	25
T-26標準型	238	63	17	16/9	334
T-26無線型	26	92	21	9/7	148
KhT-26	—	7	1	2/2	10
KhT-130	—	1	—	—	1
KhT-133	2	3	4	—	9
T-26牽引型	—	2	1	—	3
T-38標準型	1	41	24	10	76
T-38無線型	—	7	2	—	9
T-37標準型	—	33	15	9	57
T-37無線型	—	3	1	—	4
T-27	—	38	4	25	67
T-27牽引型	—	27	—	—	27
戦車合計	378	963	208	97/35	1646

　元にある情報からすると、第2カテゴリーの30％に上る戦車（8,986両中約2,600両）は戦闘不能だったのではないかと推測される。

　では次に、第1カテゴリーに目を転じてみよう。ここには何の「落とし穴」もないように思われる。それはまだ新品で、これから十分に使用できるはずだからだ。ところが、ひとつ注意しなければならない点がある。それは、「まだ運用されたことがない」という点である。T-26やT-37、T-38、BTといった戦車についてはすべてが明白だ。それらは何年も部隊運用され、どの部隊も熟知しており、倉庫から出たばかりの新車でも戦車兵が操縦に慣熟するうえで何の問題もなかった。しかし、KV、T-34、T-40などの新型戦車になると話は別である。第一、これらの戦車は操作と整備そのものが、T-26やBT、T-38よりも複雑であった。第二に、新型戦車は誰にとってもまったく未知な存在であり、しかも、設計上の弱点がたくさんあったのである。これらの問題は、当然克服可能ではあった。ただし、そのためには時間をかけて、戦車兵を訓練し、整備兵がこれらの戦車を操作できるようにしなければならなかった。しかし実際

97

には、T-34、KVの新型戦車の多くは車庫に眠ったままで、乗員の訓練は古いBT快速戦車やT-26軽戦車を使って行われていた。例えば、1940年12月1日時点で赤軍戦車部隊が保有していたKV戦車は130両、T-34戦車は37両に過ぎなかった。もちろん、これだけの数では戦車兵のしっかりした教育を行えるわけがなかった。1941年6月1日には、西部国境軍管区に配備されていたKV戦車は469両、T-34戦車は832両に増えていた。ところが、そのうちの運用車両数は、KV戦車が70両、T-34戦車はたったの38両！（それぞれ、保有数の15％と5％）しかなかったのである。このような戦車の割り当て方では、新型戦車に慣熟した乗員が非常に少なかったのも至極当然のことといえよう。6月に各部隊に配備された戦車にいたってはもう、その操作の習熟を云々する以前の話である。第41戦車師団に16両のKV戦車が届いたのは開戦の7～8日前、さらに15両のKVが到着したのは6月21日のことであった。それ以前に、この新しい戦車を見たことがあったり、知っている者は師団内に誰一人としていなかった。したがって、開戦の火蓋が切られるや否や、すべてのKV戦車が機械故障が原因で失われた事実に、何も驚くべきことはないのである。

　このような状況からして、KVやT-34といった新型戦車の訓練を

97：KV-2重戦車はその大きな戦闘重量のために、沼沢地では効果的に使用することができなかった。
付記：KV-2はKV-1をベースに、巨大な砲塔に152mm榴弾砲を装備した重陣突破用のモンスターであった。七角形の砲塔形状の初期型がソ芬戦争に急ぎ投入され、その後写真の新型砲塔のタイプが量産された。重量が54tにもなり、ただでさえ悪いKVの機動力はさらに悪化した。

積んだ乗員は、実際には300組（KV、T-34ともに150組ずつ）を越えてはいなかったと推察することができよう。これらのタイプの残る車両に戦車兵は慣れる時間もなく、緒戦で目茶苦茶な操作をして、その大半を失ってしまった。

以上の要素をふまえて、1941年6月22日にソ連西部国境5軍管区において戦闘準備を整えていたのは、1万3,981両の保有戦車のうち7,200両程度だったと見なしうるのではないかと思われる。しかも、この7,200両の戦車のうち少なくとも35％は、可動余力の限られた1931年〜1934年製造の車両であった点も忘れてはならない。

表16. 西部特別軍管区配備戦車の構成（1941年6月1日）

車種	第1カテゴリー	第2カテゴリー	第3カテゴリー	第4カテゴリー	計
KV-1	66	9	—	—	75
KV-2	22	—	—	—	22
KV小計	88	9	—	—	97
T-34標準型	203	—	—	—	203
T-34無線型	25	—	—	—	25
T-34小計	228	—	—	—	228
T-28	—	19	30	14/6	63
BT-7標準型	—	198	28	7/4	234
BT-7無線型	—	100	24	9/3	133
BT-7A	—	—	2	—	2
BT-7M標準型	—	4	—	—	4
BT-7M無線型	—	35	1	—	36
BT-7RSMK	—	1	—	—	1
BT-5標準型	—	57	17	14/8	68
BT-5無線型	—	67	8	13/8	88
BT-5ディーゼルエンジン型	—	7	—	—	7
BT-2	—	39	19	10/8	68
T-26二砲塔型	—	135	39	37/20	211
T-26標準型	61	544	38	76/55	719
T-26無線型	57	230	26	28/13	341
KhT-26	—	35	—	3/3	38
KhT-130	3	33	9	5	50
KhT-133	—	22	—	—	22
ST-26	—	—	1	7	8
T-26牽引型	—	31	4	7/4	42
T-40標準型	30	—	—	—	30
T-38標準型	3	95	48	40/16	186
T-38無線型	—	6	6	1	13
T-37標準型	—	73	81	51/16	205
T-37無線型	—	10	7	11/3	28
T-27	—	157	86	149	392
SU-5	—	3	1	4	8
戦車合計	470	1910	479	486/167	3345

（BT-7RSMK―強力無線装備型〈主砲なし〉：著者注）

98：T-50軽戦車は、部隊配備されている老朽化したT-26を代替するはずであったが、その量産化は開戦までに間に合わなかった。
付記：T-50はソ芬戦争の結果、非力さが明らかになったT-26に代わるべく開発された歩兵支援用軽戦車で、武装こそT-26同様の45㎜砲であったが、車体・砲塔形状を一新、装甲は強化され、走行装置も新型のトーションバーサスペンションを備えていた。1941年2月に制式化されたが、わずか61両が生産された段階で、より必要度の高い戦車の生産のため、生産中止となった。

99：BT-2快速戦車は1940年に配備から外すことが決定されたにもかかわらず、翌1941年夏においてもまだ594両も（つまり、ほとんどが）赤軍部隊に残っていた。
付記：BT-2はクリスティ戦車から発達したBT戦車の最初の量産型で、1932年から1933年までに618両が生産された。機関銃装備型と砲装備型がある。写真は37㎜砲装備型。

表17. キエフ特別軍管区配備戦車の構成（1941年6月1日）

車種	第1カテゴリー	第2カテゴリー	第3カテゴリー	第4カテゴリー	計
KV-1	158	31	—	—	189
KV-2	87	1	1	—	89
KV小計	245	32	1	—	278
T-35	—	42	5	4/3	51
T-34標準型	335	32	1	—	386
T-34無線型	127	1	—	—	128
T-34小計	462	33	1	—	496
T-28	—	171	28	16/15	215
BT-7標準型	3	557	41	31/22	632
BT-7無線型	5	429	37	16/8	487
BT-7A	—	24	4	3	31
BT-7M標準型	—	92	5	—	97
BT-7M無線型	—	100	4	—	104
BT-5標準型	—	249	8	19/15	276
BT-5無線型	—	61	1	3/3	65
BT-2	—	115	11	1/1	127
T-26二砲塔型	—	173	15	42/23	230
T-26標準型	136	550	22	38/36	746
T-26無線型	171	471	13	67/64	722
KhT-26	—	16	—	—	16
KhT-130	7	98	8	—	113
KhT-133	—	67	—	—	67
TT-26	—	25	1	—	26
TU-26	—	25	1	—	26
ST-26	—	2	—	—	2
T-26牽引型	—	23	1	9/9	33
T-40標準型	70	—	—	—	70
T-40無線型	13	1	—	—	14
T-38標準型	—	52	10	8	70
T-38無線型	—	3	1	1	5
T-37標準型	8	220	65	112/83	405
T-37無線型	4	53	13	17/13	87
T-27	—	231	61	79/49	371
T-27牽引型	—	8	—	15	23
SU-5	—	5	3	1	9
戦車合計	1124	3928	360	482/344	5894

表18．オデッサ軍管区配備戦車の構成（1941年6月1日）

車種	第1カテゴリー	第2カテゴリー	第3カテゴリー	第4カテゴリー	計
KV-1	10	—	—	—	10
T-34標準型	30	—	—	—	30
T-34無線型	20	—	—	—	20
T-34小計	50	—	—	—	50
BT-7標準型	—	78	22	3	103
BT-7無線型	—	72	24	4/2	100
BT-7M標準型	—	150	1	1	152
BT-7M無線型	—	17	—	—	17
BT-5標準型	—	45	9	3/1	57
BT-5無線型	—	21	3	—	24
BT-2	—	24	14	3/2	41
T-26二砲塔型	—	9	10	17/15	36
T-26標準型	51	31	1	—	83
T-26無線型	67	19	1	8/8	95
KhT-130	—	4	—	—	4
KhT-133	—	14	—	—	14
T-26牽引型	—	—	4	1	5
T-38標準型	—	36	2	8/3	46
T-38無線型	—	2	—	—	2
T-37標準型	—	38	52	59/4	149
T-37無線型	—	5	12	11	28
T-27	—	45	22	36	103
T-27牽引型	—	—	4	1	5
戦車合計	178	610	177	154/35	1119

100

表19. 1941年5月31日～6月21日の新型戦車の戦車部隊向け工場出荷台数

出荷先	KV	T-34	T-40	計
5月31日～6月6日				
グロードノ市（西部特別軍管区）	—	24	—	24
ベロストーク市（西部特別軍管区）	—	14	—	14
ウラジーミル・ヴォルィンスキー市（キエフ特別軍管区）	16	—	—	16
ノヴォグラード・ヴォルィンスキー市（キエフ特別軍管区）	—	—	10	10
レニングラード機甲士官技能研修所（レニングラード市）	1	—	—	1
6月7日～11日				
ベロストーク市（西部特別軍管区）	—	52	—	52
スタニスラーフ市（キエフ特別軍管区）	4	—	—	4
6月12日～16日				
ベロストーク市（西部特別軍管区）	—	32	—	32
6月17日～21日				
ベロストーク市（西部特別軍管区）	—	16	—	16
グロードノ市（西部特別軍管区）	20	—	—	20
ブロードゥイ市（キエフ特別軍管区）	—	—	17	17
合計	41	138	27	206
6月21日時点の工場出荷待ち車両数	34	37	28	99

100：円筒形砲塔を搭載したT-26軽戦車1933年型は、独ソ開戦前の赤軍が最も大量に保有していた戦車である。写真は、ハンドル型アンテナを装着した無線型で、夜間射撃用探照灯も装備している。

付記：T-26 1933年型は、2砲塔だったT-26を単一砲塔にして武装により威力の大きな45mm砲を搭載したタイプである。写真はT-26RT型（無線型）。標準型は2,127両、RT型は3,938両（これは、各タイプを含めた数字と思われる）が生産された。

101：五砲塔型重戦車T-35は、1941年6月の時点ではすでに旧式化していた（モスクワ、1940年11月7日の革命記念日）。

付記：5つの砲塔に主砲、副砲、機関銃を装備するT-35は、堅固な陣地帯を突破するための重装甲、重武装戦車で、イギリスのインディペンデント戦車を参考に設計された。1932年に試作車が完成し、1932年から1939年までに61両が生産された。

113

102

騎兵科
КАВАЛЕРИЯ

　大祖国戦争[注19]が始まるまでに騎兵科は大幅に削減された。1938年には騎兵軍団が7個、騎兵師団は32個あったが、1941年6月の時点で残っていたのは騎兵軍団司令部4個と騎兵師団9個、山岳騎兵師団4個、それに独立騎兵連隊3個と予備騎兵連隊4個であった。騎兵軍団は通常、2〜3個師団から編成され、騎兵師団は騎兵連隊4個と戦車連隊1個、砲兵及び高射砲大隊各1個を擁していた。山岳騎兵連隊の規模はそれより小さく、騎兵連隊3個と砲兵大隊1個、戦車大隊1個を配下に置いていた。1941年6月まで、全騎兵部隊の人員と装備は平時定数のままに維持されていた。狙撃兵師団同様、騎兵師団も十分な数の対空装備と対戦車砲を持たなかった。

102：独ソ開戦の時点において、装甲厚でKV-1重戦車に並ぶ装甲兵器はなかった。
付記：KV-1はT-35に代わる突破用戦車で、多砲塔のT-100とSMKとの競作に勝利して採用された。その車体前・側面、砲塔前・側・後面装甲厚は75mmもあった。写真は主砲にL-11 76.2mm砲を備えた初期型（1939年型）である。

103：T-26軽戦車の支援を受けて「攻撃」に向かう騎兵部隊（1939年、キエフ特別軍管区での演習）。
付記：T-26は円筒形砲塔を装備した1933年型である。

104：1940年5月1日、メーデー記念パレードでモスクワの赤の広場を行進する赤軍騎兵。

[注19] ロシアでは独ソ戦争のことをこう呼ぶ。（訳者）

103

104

105

表20．赤軍の騎兵部隊（1941年6月）

部隊番号	司令部駐屯地	所属	司令官(任命日);編制
SNK・USSR記念第2騎兵軍団	ロマーノフカ村	オデッサ軍管区第9軍	P・A・ベローフ少将（1941年3月14日）;5,9kd/10ods
第4騎兵軍団	タシケント市	中央アジア軍管区	T・T・シャープキン中将（1941年1月17日）;18,20,21gkd
第5騎兵軍団	スラヴータ市	キエフ特別軍管区第6軍	F・M・カムコーフ少将（1941年3月14日）;3,14kd
スターリン同志記念第6騎兵軍団	ロムジャ市	西部特別軍管区第10軍	I・S・ニキーチン少将（1941年3月11日）;6,36kd/1ods
第8騎兵極東師団	沿海州ヴォロシーロフ市	極東方面軍第1赤旗軍	I・M・マナガーロフ少将（1939年1月21日）;49,115,154,163kp/tp（部隊番号不明）
Zak・TsIK記念第17カフカース山岳騎兵師団	レニナカン市	ザカフカース軍管区	V・A・ガイドゥコーフ大佐（1939年12月25日）;13,91,128gkp/22otd.btd/6okgadn
チモシェンコ同志記念第24騎兵師団	ナヒチェヴァン市	ザカフカース軍管区	G・F・マリュコーフ大佐（1941年2月15日）;18,56,70,157kp/24tp
第32騎兵師団	シンフェローポリ市	オデッサ軍管区第9独立狙撃兵軍団	A・I・バツカレーヴィチ大佐（1940年10月10日）;65,86,121kp/18tp（1941年5月18日よりイジャスラーヴリからシンフェローポリに駐屯地移転）

凡例：gkd－親衛騎兵師団、kd－騎兵師団、kp－騎兵連隊、ods－独立通信大隊、okgadn－独立騎兵山岳砲兵大隊、otd.btd－独立機甲大隊、tp－戦車大隊
(SNK・USSR－ウクライナソヴィエト社会主義共和国人民委員会議 Zak・TsIK－ザカフカース中央執行委員会：訳注)

105：乗用自動車GAZ M-1。
付記：フォード・セダンに大きな影響を受けたセダンタイプの乗用車で、高官などの輸送に使用された。

空挺科
ВОЗДУШНО-ДЕСАНТНЫЕ ВОЙСКА

　1940年夏に空挺旅団6個を擁していた空挺科は再編成されることになり、1941年4月には空挺軍団5個（各軍団内に空挺旅団3個と戦車大隊1個、人員1万419名）の編成が始まった。しかし、降下用装備（航空機や滑空機〈グライダー〉）を軍団は保有していなかった。ようやく6月5日になって、各軍団に空挺爆撃連隊2個を創設することが決定された。つまり、空挺軍団5個と独立空挺旅団1個からなる空挺部隊（全部で5万3,146名）は、独ソ戦勃発時にはまだ編成途上にあり、戦闘準備を整えるにはいたらなかった（ただし、1940年夏に編成の6個旅団はこの限りでない）。

通信科
ВОЙСКА СВЯЗИ

　4万2,384名の人員が配属されていた通信部隊は、独ソ戦前夜においても平時定数のままであった。通信装備や資材の定数充足率はかなり低く、無線局の配備率は方面軍通信網において35％、軍単位の通信網では11％、師団レベルでは62％、連隊クラスでは77％、大隊では58％であり、また電信機は78％、電話機は65％の配備率というのが平均的な通信部隊の姿であった。しかも、主要な通信装備は旧式化しており、性能も低かった。例えば、旧式無線局の占める割合は、部隊配備済みの無線局のうち60％を超えていた。通信部隊はその上、無線通信中継局も、高周波電話架設機器も、超短波無線局も、長距離通信ケーブルも持たなかった。他方のドイツ軍にとっては、これらの装備や資材はすでに珍しいものではなかった。さらに、多くの指揮官たちの間には、近代戦における無線通信の意義を軽視する見方が依然根強かった。

106：乗用自動車GAZ-Aに装備された無線装置（1938年）。
付記：前部の起倒式マストとその間に空中線が張られている。

工兵科
ИНЖЕНЕРНЫЕ ВОЙСКА

　工兵部隊は1941年の1月から3月にかけて再編成され、6月の時点では工兵連隊18個、架橋連隊14個、独立偽装工兵大隊と独立架橋大隊各1個、独立水利中隊1個、独立水利局1基を数えた。総合兵科軍のなかには独立大隊（工兵、架橋）が18個あった。工兵部隊の一部は平時のスケルトン定数で維持され、西部国境軍管区における士官の定数充足率は40〜65％、下士官のそれは30〜80％であった。工兵装備、資材の定数充足率は約50％と低く、対戦車地雷は28％、対人地雷は12％、有刺鉄線は32％という有様であった。その上、師団および軍団配下の工兵大隊の一部、すなわち西部国境軍管区に配置された部隊のうちの70個及び内陸軍管区配下部隊のうちの41個工兵大隊は、後方施設の建設に携わっており、それらの戦闘準備レベルは低かった。

要塞地帯
УКРЕПЛЕННЫЕ РАЙОНЫ

　1927年から1937年にわたってソ連の旧国境上には13個の要塞地帯が構築され、要塞地帯1個の規模はそれぞれ幅48～140km、縦深1～2kmに及んだ。しかし、戦闘施設の大部分は機関銃のみの武装で、火砲を備えたものは全体のわずか20％に過ぎなかった。1938年から1939年にかけて、旧国境上にはさらに8個の要塞地帯が築かれ、1,028個の戦闘施設が設置された（西側及びロシアの多数の文献では、旧国境要塞地帯が「スターリン線」と呼ばれている）。これらの要塞地帯の戦闘能力を維持するために、1941年6月1日時点で14個要塞地帯に砲兵機関銃大隊23個（1万7,080人）が配置されていたが、6個要塞地帯には守備兵がいなかった。

　最近発表されている多くの文献には、1940年に新国境上に要塞地帯が構築され始めたため、スターリン線の戦闘施設はすべて爆破されたとする指摘がしばしば見られる。そして、もしこのようなことがなかったならば、旧国境の強力な要塞が1941年夏のドイツ軍の進撃を食い止めることを可能にしたであろうともいわれている。果たして実際はどうだったのか、この点も検証してみよう。

　旧国境上の戦闘施設の中核は、機関銃1～2挺を装備した永久トーチカや、76.2mm砲1902年型で武装した前方のみ射撃可能な掩蓋付き半砲兵壕であった。これらの施設はあまり大きくはなく、守備兵は10名以下であった。そのほか、少数ながら砲兵地雷原B型と呼ばれる、重層配置の永久トーチカ群があり、ひとつのトーチカ群には砲2～6門、機関銃10～12挺があった（予備陣地と遮断陣地を含む）。さらに、1938年～1939年の間に、配備から外されたMS-1やT-24、T-26などの戦車が要塞地帯に回された。そのなかには、45mm砲を装備したものや機関銃だけのものもあった。これらの戦車は、無防備な地区の掩護トーチカとして用いることが想定されていた。要塞地帯では砲兵機関銃大隊が守備に就いていたが、それらは永久トーチカ守備隊として活動するだけでなく、自ら野戦砲部隊も保有していた。戦闘行動が始まった場合、要塞地帯は他の野戦部隊で増強されることになっていた（いわゆる「野戦補充」）。

　しかし、旧国境要塞地帯の実情はとても輝かしいものとはいえなかった。1938年から1939年にかけて、国防人民委員部と内務人民委員部が旧国境要塞地帯の大規模な監査を行った結果、それらは実質的には戦闘能力がないことが明らかになった。以下に紹介するいくつかの監査報告書の抜粋が、要塞地帯の「威力」をよく物語っている。

107：新国境の銃眼3個の永久トーチカ。

108：76㎜野砲1902年型を装備した掩蓋付き半砲兵壕。偽装のため、上から木造の屋根と横壁が取り付けられている。

109：新国境の対戦車壕（沿バルト特別軍管区、1941年6月）。
付記：対戦車壕としては、どうやら深さも幅もちょっと不足気味のようだ。

ウクライナソヴィエト社会主義共和国内務人民委員部がキエフ要塞地帯の現状について1939年1月11日付けでウクライナ共産党中央委員会に提出した報告メモ——

「キエフ要塞地帯は半径100km近い円弧を形成してキエフを取り囲んでおり、その左右両端はドニエプル河に接している。そこに257個ある防御施設のうち戦闘準備が整っているのは5個しかない。要塞地帯の左右両翼は無防備で、敵が自由に侵入できる。

　この防御施設257個のうち175個は地形上（丘、山、大きな森、藪）、必要な射界が確保できていない。

　射撃施設の偽装は数年のあいだ取り替えも修理も行われず、その結果75％の施設は使用不能で、造り替えが必要である。

　140個の永久トーチカには1930年型機関銃用防楯が装備されていたが、それは射撃時に自動的に閉じてしまい、兵が自ら放った機関銃弾の跳弾で死傷する恐れがある。

　要塞地帯の光学器具は定数の2％程度しか配備されておらず、1938年12月までペリスコープは皆無であった。1938年12月25日に30万ルーブル相当のペリスコープ150個が要塞地帯に届いた。しかし、シュヴイギン旅団長の指示で、これらのペリスコープは他に保管場所があるにもかかわらず、倉庫脇の堰に積み上げられ、使用不能に陥っている。

　双眼鏡も要塞地帯にはまったく欠如している（18個の使用不可能な双眼鏡が非常用予備物資として保管されている）。

　要塞地帯防御施設内の暖房は機能していない。4個の防御施設にスチーム暖房が設置されたが、それも機能していない」。

　同じく、ウクライナ共和国内務人民委員部から同国共産党中央委員会に宛てた、1939年1月11日付けの報告に書かれたチラースポリ要塞地帯の様子は次の通りである——

「チラースポリ要塞地帯はドニエストル河左岸にあり、幅300kmを占めている。要塞地帯の最重要地区の防御施設は、射撃体制や戦術上の役割とは無関係に配置されており、しかも有効な防御縦深は1～3kmを越えない。ただし、ドゥボッサールとグリゴリオーポリ地区は例外で、防御施設が形成する縦深は5～8kmに相当する。防御施設を戦闘不能に陥れるには、203mm砲弾1発か47～75mm口径の榴弾2～3発を外壁に直撃させるだけで十分である。防御施設の80％は死角があって射撃扇面を確保できていない。

　砲兵連隊に拡大再編成される第76独立砲兵大隊の動員は、その編制上3個中隊しか『M1デー』[注20]の日没までに派遣できないように実施された（大隊は要塞地帯最前線から平均75kmのところに配置されていた）。

　フランス製155mm砲で武装したこの大隊は、適合する砲弾を保有

[注20] 動員令発令日。（訳者）

110：配備から外されたMS-1戦車は、要塞地帯に引き渡され、不動トーチカとして用いられた。そのなかには、武装を45mm砲に換装されたものもあった。
付記：MS-1戦車はT-18とも呼ばれ、ルノーFTをコピーしたレーニン戦車（M-17）に続く、事実上のソ連最初の国産戦車であった。1927年から1931年までに950両が生産された。

しておらず（155mm砲弾はキエフ特別軍管区司令部の指示によってクレメンチューグ市に送られた）、それゆえ動員発令の際に大隊が抽出できるのは2個中隊（76mm砲中隊、107mm砲中隊）だけであった」。

また、ウクライナ内務人民委員部が1939年1月16日付けで同国共産党中央委員会に対して行ったモギリョーフ・ヤンポーリスキー要塞地帯に関する報告は次のように指摘している——
「モギリョーフ・ヤンポーリスキー要塞地帯には297個の射撃施設が配置され、そのうち279個は永久トーチカで18個は掩蓋付き半砲兵壕である。射撃施設は物資面で満足できる状態にはない。

要塞地帯の射撃施設、半砲兵壕の設備改装が進められているため、施設内は混沌と無秩序が支配している。兵器は、付着した水分の拭き取りもされず、オイルの塗布もされず、ほこりと錆に覆われ、このような取り扱いの結果、使用不能となっている。多くの半砲兵壕内の電気架線は混乱し、電気照明をまったく保証できない。

半砲兵壕内の空気の換気清浄と照明のために設置されたAL6-12及びAL12-2型内燃モーターは、砲兵地雷原施設にはあまり適しない。これらのモーターには除湿装置がないために発動が困難で、必要な手入れも行われていないことから錆びている。

1932年以来防御施設内に配置されている砲の完全分解・清掃作業はようやく1937年になって行われた。砲の内部全体に錆の痕が残っている。2門の砲にはスピンドル油の代わりにボイル油が流し

111：一部のMS-1戦車は地面に埋設された。
付記：確かに、「コンクリートトーチカに砲塔が流用されている」というのではなく、車体の全体が文字通り地面に「埋設」されているようだ。

112：その一方、放置され、錆びるに任された戦車もあった……。
付記：武装も足まわりのパーツもなくなり、これではただのスクラップでしかない……。

[注21] 撃発させるための索。
(編者)

込まれ、それが注油孔を塞いでしまい、圧縮シリンダーの暴発を引き起こすところだった。またいくつかの砲は、パッキングがいかれ、オイルが漏れている。拉縄[注21]が備わっている砲は40％程度でしかない。

PDN2型ペリスコープは、そもそも光学器具の保管には適さない倉庫に置いてあり、使用不能となりつつある。砲の予備部品を収納した箱は防御施設内ではなく、離れた倉庫にある。

国境変更に伴い、1939年に国境警備隊の指示でいくつかの住居集落に石柵が設けられたが、設置場所によっては永久トーチカの射撃扇面を狭める結果を招いた。そのため、ヤンポーリ地区のヴェリーカヤ・コースニツァ村とボーロシュ村は4個の機関銃トーチカが

他の永久トーチカと連携射撃を行うことができない。

　戦闘部隊には必要な兵器と弾薬がまったく装備されていない。

　要塞地帯では今に至るも中堅士官の数が予定の戦時定数を満たしていない。遠隔の地域や都市（サラトフ、モスクワ、レニングラード）から編入予定の将校団が要塞地帯に到着できるのは、動員発令後ようやく5〜6日経ってからのことである。

　一般兵卒の現行定数（特に機関銃要員）では、機関銃大隊がその任務を遂行することはできない。なぜならば、1個中隊には機関銃要員が21名いることになっているが、その中隊は50個の防御施設を担当しなければならないからである。

　それゆえ、守備兵は1日おきでしか各戦闘施設を任務のために訪れることができず、施設内設備は手入れが行き届かないために錆びている。

　機関銃大隊は砲兵要員をまったく欠いている。第40独立機関銃大隊の中堅士官のうち、砲兵の経験や知識を有する者はひとりもなかった。砲はあっても、壕内砲の整備点検を行い、欠陥や故障を適宜取り除くことのできる熟練砲手が機関銃大隊の定数には含まれていなかった。

　要塞地帯守備隊は編成以来一度も、戦闘訓練（兵員の要塞業務習熟）を担当する高級司令官を持ったことがなかった。各部隊は専門教育プログラムを受領することもなく、総合兵科教育プログラムを基に自分たちで独自に作成している。そのため、要塞地帯の将兵は必要なレベルの訓練を受けておらず、戦闘訓練に関する十分な知識も持ち合わせていない」。

　最後に、ソ連内務人民委員L・ベリヤが1939年2月13日にK・ヴォロシーロフ国防人民委員に宛てた、プスコフ、オーストロフ両要塞地帯に関する報告メモを引用してみよう──

「プスコフとオーストロフの要塞地帯の建設作業と設備の仕上げ作業が長期に及んでいるにもかかわらず、いまだもってそれらが戦闘能力を有しているとは見なすことはできない。大多数の永久トーチカの内部設備は設計や工法が誤っているため、部隊が配置に就くことができない……。半数に上る戦闘施設は、地下水の深さの推定を誤ったため、20〜40㎝浸水している。その一方で水道は機能していない。要塞地帯に電気設備はない。要塞地帯の居住部分は湿度が高く、息苦しい。換気装置はなく、その設置も可能とは思われない。

　要塞地帯の物資補給施設は建てられておらず、食糧庫はない。

　要塞地帯は、お粗末な建設計画のため、戦闘施設からの射程50〜100m以上の射撃は不可能となっている。なぜならば、そこには丘や窪地、伐採されていない森林が並んでいるからである。第3号永久トーチカなどは窪地の傾斜面に造営され、常に地滑りを起こし

表21. 1941年6月1日の旧国境要塞地帯（スターリン線）

要塞地帯	正面幅(km)	縦深(km)	建設中永久トーチカ	建設済み永久トーチカ	機関銃大隊
カレリヤ要塞地帯	80	2～6	―	196	2
キンギセップ要塞地帯	70	2	―	89	1
プスコフ及びオーストロフ両要塞地帯	85	2～5	―	147	2
セーベシ要塞地帯	65	2～5	63	―	2
ポーロツク要塞地帯	55	2	―	202	1
ミンスク要塞地帯	160	1～2	―	206	2
スルーツク要塞地帯	70	3～5	129	―	1
モーズィリ要塞地帯	128	1～2	―	155	1
コーロステニ要塞地帯	185	1～3	―	455	2
ノヴォグラード・ヴォルィンスキー要塞地帯	115	1～2	―	261	―
シェペトーフカ要塞地帯	110	4～5	137	―	―
オストローポリ要塞地帯	50	2～4	89	―	―
レチーチェフ要塞地帯	25	2～4	―	363	1
イジャスラーヴリ要塞地帯	45	2～5	62	―	―
スタロコンスタンチーノフ要塞地帯	60	5	58	―	―
カメネーツ・ポドーリスキー要塞地帯	60	3～5	―	158	3
モギリョーフ・ポドーリスキー要塞地帯	140	4	―	276	2
キエフ要塞地帯	85	3	―	217	―
ルイブニツァ要塞地帯	120	3	―	236	3
チラースポリ要塞地帯	159	4	―	318	3
合計	1967		538	3279	23

ているためにカモフラージュすることもできず、内部のトーチカ砲は周囲の地面より低く設置されているため、役に立たない。射撃扇面を拡張するには約12万㎡の地面を除去し、300ヘクタールに及ぶ森林と灌木を伐採する必要がある。

　永久トーチカの銃眼はマクシム機関銃の使用を想定しているが、設計の不明な、おそらくかなり前に配備から外されたホチキス機関銃用と思われる銃架が設置してある。半砲兵壕は装甲遮蔽板が装備されていないため、トーチカ内に雪解け水や雨水が浸入する原因となっている。

　要塞地帯の砲兵火器は、老朽化した1877年型野砲6門であり、しかも適合砲弾は皆無である。

　要塞地帯の警備も行われていない。本委員会の調査中、集落間の移動距離を短縮するために戦闘施設のすぐ傍を通過する現地住民が一度ならず見かけられた」。

　このような報告メモや調査記録は、1938年～1939年の間に膨大な数に上った。内務人民委員部だけでなく、要塞地帯の守備隊を編成すべき労農赤軍の狙撃兵部隊や砲兵部隊もこれらの施設が戦闘に

表22. 1941年6月1日の新国境要塞地帯（モロトフ線）

要塞地帯	正面幅 (km)	縦深 (km)	防衛拠点数	建設中永久トーチカ	建設済み永久トーチカ	臨戦永久トーチカ	機関銃大隊配置済み	1941年配置予定機関銃大隊
ムルマンスク要塞地帯	85	5	7	30	12	12	2	2
ソルタヴァーラ要塞地帯	175	4～5	1	30	10	—	—	1
ケクスゴールム要塞地帯	80	5～15	4	—	—	—	—	2
ヴイボルグ要塞地帯	150	4～5	1	130	44	32	1	8
テリシャイ要塞地帯	75	5～16	8	366	23	—	—	6
シャウリャイ要塞地帯	90	5～16	6	403	27	—	—	10
カウナス要塞地帯	106	5～16	10	599	31	—	—	5
アリトゥス要塞地帯	57	5～16	5	273	20	—	—	6
グロードノ要塞地帯	80	5～6	9	606	98	42	2	7
オソヴェーツ要塞地帯	60	5～6	8	594	59	35	1	7
ザンブロフ要塞地帯	70	5～6	10	550	53	30	2	2
ブレスト要塞地帯	120	5～6	10	380	128	49	3	—
コーヴェリ要塞地帯	80	5～6	9	138	—	—	2	—
ウラジーミル・ヴォルィンスキー要塞地帯	60	5～6	7	141	97	97	4	2
ストルミーロフ要塞地帯	45	5～6	5	180	84	84	4	1
ラーヴァ・ルースカヤ要塞地帯	90	5～6	13	306	95	95	3	2
ペレムィシュリ要塞地帯	120	4～5	7	186	99	99	2	1
チェルノヴィーツィ要塞地帯					測地調査中			3
ヴェルフニェプルート要塞地帯	75	5～6	10	7	—	—	—	1
ニジニェプルート要塞地帯	77	5～6	17	8	—	—	—	1
ドナウ要塞地帯	測地調査中	測地調査中	11（予定）	—	—	—	—	—
オデッサ要塞地帯	測地調査中	測地調査中	11（予定）	—	—	—	—	—
合計	1695		166	4927	880	575	26	67

不適であると見なしていた。それゆえ、参謀本部は労農赤軍工兵局と共同で、指摘された旧国境要塞地帯の不備の解消と武装補充のプログラムを作成した。ところが、1941年4月から5月にかけて実施された参謀本部の監査では次の点が明らかとなった──

「旧国境要塞地帯の建設完成と近代化に向けた措置は、1941年7月1日までに新国境要塞地帯の建設を完了させる必要上、現在は遂行されていない。しかし、上記期限の後に再開続行されるであろう。

要塞地帯守備隊は人員が確保されていない。現在のところ、守備隊1個の平均人員数は、定数の30％以下である。

要塞地帯の武装強化のため、1938年から1940年にわたり多数の砲兵装備と資材が要塞地帯に配備されたにもかかわらず、その大部分は老朽化した1877年型及び1895年型の軽野砲であり、しかも専用の砲架も砲弾も欠如している。比較的新しい砲兵装備のうち、要塞地帯守備隊に配備されているのは76㎜カノン砲1902年型26門と76㎜野砲1902/30型8門だけである。配備要求されたトーチカ砲L17で実際に配備されたのは8門に過ぎない。

永久トーチカの小火器の半分は旧式及外国製の機関銃であり、適合弾薬はしばしば欠如している。

要塞地帯を支援する戦車大隊と戦車中隊は、報告書の中でだけ存在するものである。なぜならば、1929年から1933年に製造され、老朽化した装備は完全に使い古されており、機関銃はなく、峡谷や狭隘地の防御用不動トーチカとしてのみ使用が限られ、支援戦車中隊用の燃料もない。

受領戦車のいくつかは喪失され、または廃棄用に返送された」。

1941年5月25日、ソ連政府は再び新旧国境要塞地帯の強化措置に関する政令を発した。旧国境については、実行期限は1941年10月1日と定められたが、独ソ開戦まで何も行われなかった。

1940年には西部新国境に19個の要塞地帯の建設が開始された（多くの文献では「モロトフ線」として有名である）。それらは新しい構想に基づいて建設され、新旧国境要塞地帯の全戦闘施設の46％を占めた。各要塞地帯には2本の要塞陣地線が走っており、その結果、要塞地帯の縦深は30～50kmにまで拡張され、正面幅は100kmに達した。要塞地帯の配置間隔は最大20kmまでとされ、各要塞地帯の間には野戦拠点が設置され、防御にあたった。しかし、これほど巨大な規模の建設作業を短期間に終了させることは当然のことながら間に合わず、開戦時のモロトフ線は未完成状態にあり、多くの永久トーチカは武装されておらず、砲兵機関銃大隊は人員も装備も不足していた。とはいえ、野戦部隊で強化されたいくつかの要塞地帯（ラーヴァ・ルースカヤ要塞地帯とペレムイシュリ要塞地帯）は、緒戦でドイツ国防軍に果敢な抵抗を示した。

113

113：赤軍のある部隊が保有していた自動車両——手前は乗用車GAZ-A 2台、その隣は1.5tトラックGAZ-AA 2台とZIS-5トラック、一番奥には緊急修理車A型が並んでいる。

114：ヤロスラヴリ自動車工場製トラック、積載能力8tのYaG-10。
付記：YaG-10は、1932年から生産が開始された8tの6×4大型トラック。93馬力ガソリンエンジンを搭載。

115：ZIS-5トラックを改造した緊急修理車。
付記：ZIS-5トラックは、3tの4×2中型トラックで、1933年に生産が開始された。73馬力ガソリンエンジン搭載。

赤軍後方
ТЫЛ КРАСНОЙ АРМИИ

　赤軍後方の全般的な指揮は、後方兵站局が執っていた。しかし、各補給部隊は後方兵站局ではなく、国防人民委員かその代理の指揮下にあり、後方の一元的な統轄組織はなかった。
　開戦に向けた後方整備の中では、後方部隊の展開を含む動員計画策定の課題が大きな位置を占めた。動員備蓄の規模は前線3カ月分の消費量を基準に算定された。何種類かの物資、とりわけ食糧と飼料の備蓄は4～6カ月分、物品の備蓄は動員消費量の140～160％に上った。しかし、西部国境軍管区では倉庫面積の不足から備蓄できる量に限界があった。例えば、弾薬及び燃料の備蓄は、部隊消費量のわずか1カ月分しかなかった。とはいえ、1941年6月1日の時点では、赤軍全体で887カ所あった常設兵站基地のうち340カ所（41％）は西部国境軍管区にあった。そこにはまた、他官庁管轄の中央倉庫や石油供給総局の石油燃料基地もいくつかあった。
　砲兵総局の中央兵站基地・倉庫には、赤軍全体が保有する砲弾の20％と迫撃砲弾の9％が保管されていた。
　すでに見たとおり、赤軍部隊は輸送手段の不足に悩まされていた。これについては、後方部隊も例外ではなく、自動車不足は深刻であった。自動車不足は、司令部をして弾薬の備蓄拠点を部隊の展開地、すなわち国境に最大限近接させるようにし向けた。しかしそれは、3,000万発以上の砲弾や迫撃砲弾が西部国境軍管区内、なかでも国境地帯に備蓄される状態を作り出した。そして、これらの弾薬の大半は開戦直後に失われてしまうのである。

114

115

　総じて、後方部隊は戦闘訓練が不足し、深刻な人員不足と既述の輸送手段の問題を抱えていた。性急に編成され、輸送手段の不足した後方部隊や兵站施設は、戦争初期において各部隊への物資補給の役割を完全に果たすことができず、部隊が退却する時や包囲された条件下では尚更であった。

参考文献と資料

〈ロシア語文献〉
1. ロシア連邦国防省中央公文書館：労農赤軍機甲局　南西方面軍司令部　西部方面軍司令部　レニングラード軍管区司令部　沿バルト特別軍管区司令部の各フォンド
2. ロシア国立軍事文書館：ソ連国防人民委員書記局　労農赤軍機甲局　労農赤軍砲兵総局　労農赤軍工兵総局　レニングラード軍管区司令部　沿バルト特別軍管区司令部　西部特別軍管区司令部　キエフ特別軍管区司令部　ウラジーミル・ヴォルインスキー要塞地帯　キエフ要塞地帯の各ファイル
3. (ロシアの文書資料シリーズ)『大祖国戦争──ソ連国防人民委員指令集』第13巻 (2-1) モスクワ　「テラ」刊
4. 『1941年──教訓と結論』　モスクワ　軍事出版所刊　1992年
5. 『1941年　文書資料集』(全2巻)　モスクワ　国際基金「デモクラーチヤ」刊　1998年
6. A・G・ホリコーフ著『雷雨の6月』　モスクワ　軍事出版所刊　1991年
7. L・M・サンダーロフ著『戦争が始まった』　モスクワ　軍事出版所刊　1989年
8. A・V・ウラジーミルスキー著『キエフ方面にて』　モスクワ　軍事出版所刊　1989年
9. V・A・アンフィーロフ著『41年　悲劇への道』　アコーポフ出版刊　1997年
10. V・A・アンフィーロフ著『「ブリッツクリーグ」の崩壊』　モスクワ　「ナウカ」刊　1974年
11. 『大祖国戦争　1941～1945：百科事典』　モスクワ　「ソヴィエト百科事典」刊　1985年
12. 『軍事通信の歴史』第2巻　モスクワ　軍事出版所刊　1984年
13. 『ソヴィエト空挺部隊』第2版　モスクワ　軍事出版所刊　1986年
14. 『ソヴィエト騎兵』　モスクワ　軍事出版所刊　1974年
15. 『ソヴィエト祖国防衛戦の工兵部隊』　モスクワ　軍事出版所刊　1970年
16. 『ソヴィエト軍工兵部隊　1918～1945』　モスクワ　軍事出版所刊　1985年
17. 『ソヴィエト軍化学戦部隊』　モスクワ　軍事出版所刊　1987年
18. 『1941～1945年の大祖国戦争期におけるソヴィエト軍の軍団　師団司令官』　M・V・フルンゼ記念軍事アカデミー刊　1964年
19. A・コルパディキ　D・プローホロフ著『グルー帝国─ロシア軍事諜報史』(第2巻)　モスクワ　「オルマ・プレス」刊　2000年
20. N・A・ブルスニーツィン著『大統領を盗聴するのは誰だ─スターリン～エリツィン─』　モスクワ　「ヴィータ・プレス」刊　2000年
21. 『ソ連の鉄道水路網』　国防人民委員部軍事出版所刊　1943年
22. M・V・ザハーロフ著『戦前期の参謀本部』　モスクワ　軍事出版所刊　1989年
23. A・B・シロコラード著『わが国の砲兵百科事典』　ミンスク　「ハルヴェスト」刊　2000年
24. K・S・モスカレンコ著『南西方面にて』　モスクワ　「ナウカ」刊　1969年
25. B・ミューラー＝ヒーレブラント著『1933～1945年のドイツ陸軍』　モスクワ　外国文学出版所刊　1958年
26. V・D・ダニーロフ著『大祖国戦争期のソヴィエト軍統帥機関の発達』(人民の功績シリーズ)　モスクワ　1981年
27. G・K・ジューコフ著『回顧録』　モスクワ　1990年
28. 『1941～1945年の大祖国戦争におけるソヴィエト軍後方』(第1部)　レニングラード　1963年
29. S・S・ビリューゾフ著『容赦なき時代』　モスクワ　1966年　30. A・F・フレーノフ著『勝利への掛け橋』　モスクワ　1982年　31. 『大祖国戦争におけるソ連の国家保安機関』(第1部)　モスクワ　株式会社『本とビジネス』刊　1995年
32. O・V・ヴィシリョーフ著『1941年6月22日前夜』　モスクワ「ナウカ」刊　2001年
33. F・ハルダー著『戦争日記』　モスクワ　1969年

〈英、ドイツ語文献〉
34. Fritz Hahn. Waffen und Geheimwaffen des deutschen Heeres 1933 – 1945. Bernard & Graefe Verlag, Bonn, 1992, c.70 – 230.
35. Thomas L. Jentz. Panzertruppen (The Complete Guide to the Greation & Combat Emploument of Germanny's tank forse 1933 – 1942). Schiffer Millitary History, Atglen, PA, 1996.
36. Fall Barbarossa : Documente zur Vorbereitung der faschistichen Wermaht auf die Aggression gegen die Sowjetunion (1940/41). Berlin, 1970.
37. Beer A. Der Fall Barbarossa. Munster, 1978.
38. Gosztony P. Deutchelands Waffengefahrten an der Ostfront 1941 – 1945. Stuttgart, 1981.

〈その他資料〉
39. 雑誌：『軍事パレード』1998年第3号 (27);『軍曹』1996年第1号;『軍事史ジャーナル』1987年第6、11、12号、1988年第3、6号、1989年第4号、1992年第2～6、10号、1993年第5号、1996年第5号、1999年第6号
40. ウェブサイト──http://www.chat.ru/~mechcorps.
41. 著者所蔵資料

監修者あとがき

　本書は独ソの史上最大の決戦となったバルバロッサ作戦に関する著作である。「バルバロッサ作戦の著作など巷に氾濫しているではないか、いまさら何を」という声が聞こえそうであるが、ちょっと待って欲しい。本書はバルバロッサ作戦といっても、作戦前夜のソ連軍のお寒い状況について扱った類い稀なる著作なのである。

　ヒトラーのスターリンへの騙し討ちによる、ドイツ軍のソ連への突然の侵攻であるバルバロッサ作戦は、ドイツ軍の徹底した欺瞞工作の成功と数々の兆候に目をつぶったソ連軍の失敗で、完全なる奇襲に成功し、ドイツ軍の緒戦の勝利へとつながった――こうした見解は世間一般に広まっているが、実際のところその中身はきちんと精査されたものではなく、漠然たる理解に止まっていたように思える。数字上では間違いなく当時世界最強の機械化戦力を持つソ連軍が、あのようにあっけなく崩壊した本当の理由は、これまでかならずしも明確にはされていなかった。本書はこうした疑問にきちんとした形で答えてくれる初めての著作ではないかと思われる。

　本書の内容で何よりも驚かされるのは、何と言っても呆れ果てるほどひどいソ連軍の状況である。人員の不足、しかも訓練も不十分、武器、車両の不足、必要な弾薬のストックもない。さらには多くの装備が旧式化し、修理が必要でも部品がない。新型のT-34やKVが配備されても、全く訓練が行われていないというのであれば、ドイツ軍の戦車が性能面で劣っていながら、なんとか彼らに対処できたというのもうなずける。

　監修者にとっても、本書の内容はまさに目から鱗の思いであった。ソ連軍の実態がこのように腐り果てたものならば、緒戦の敗戦も当然である。そして情報を得ていたであろうドイツ側が、一部に悲観論はあったにしても、あのような無謀な作戦に踏み切ったこともうなずける。

　このような恥ずべき実態は、かつてのソ連時代には、間違いなく封印されていたであろう。今日ソ連の崩壊によって、ようやく日の目を見たわけである。本書を手にする読者諸兄は、実に喜ぶべき時代にいることをぜひ感じて欲しい。

　本書の著者のコロミーエツ氏は、モスクワの中央軍事博物館の研究員も務めた、軍事史研究の専門家である。その執筆内容には外部の人間が容易にアクセスできない、貴重なデータがふんだんに盛り込まれている。そうした意味では本書の信頼性は極めて高い。

　また訳者の小松氏はロシア語に堪能というだけでなく、現にモスクワ在住で、疑問点についてコロミーエツ氏と直接連絡を取り合い確認するなど、ていねいな仕事に努めている。

　そして監修者は読者の理解の一助として、写真キャプションを始めいろいろ補足に努めたが、いわずもがなの感があるのは、どうぞお許し願いたい。監修者としては内容は折り紙付きの本書を、一人でも多くの読者諸兄が、楽しんでいただければ幸いである。

齋木伸生

[著者]
マクシム・コロミーエツ
1968年モスクワ市生まれ。1994年にバウマン記念モスクワ高等技術学校(現バウマン記念モスクワ国立工科大学)を卒業後、ロシア中央軍事博物館に研究員として在籍。1997年からはロシアの人気戦車専門誌『タンコマーステル』の編集員も務め、装甲兵器の発達、実戦記録に関する記事の執筆も担当。1999年には自ら出版社「ストラテーギヤKM」を起こし、「フロントヴァヤ・イリュストラーツィヤ」誌を2000年から定期刊行中。最近まで内外に閉ざされていたソ連側資料を駆使して、独ソ戦の真実に迫ろうとしている。著書『バラトン湖の戦い』は大日本絵画から邦訳出版され、『アーマーモデリング』誌にも記事を寄稿、その他著書、記事多数。

ミハイル・マカーロフ
1960年生まれ。スターヴロポリ高等軍事通信学校卒業の職業軍人(現在、中佐)で、ロシア軍戦略ロケット軍総本部に勤務中。正規の軍務の傍ら、戦史、とりわけソ連軍の機構組織や部隊編制の変遷の歴史を研究。近年、これまでの研究の蓄積をもとに執筆活動も始め、M・コロミーエツ氏とともに『バルバロッサのプレリュード』、『赤軍の自走砲』(いずれも、ストラテーギヤKM刊)を著す。

[翻訳]
小松徳仁(こまつのりひと)
1966年福岡県生まれ。1991年九州大学法学部卒業後、製紙メーカーに勤務。学生時代から興味のあったロシアへの留学を志し、1994年に渡露。2000年にロシア科学アカデミー社会学・政治学研究所付属大学院を中退後、フリーランスのロシア語通訳・翻訳者として現在に至る。訳書には『バラトン湖の戦い』、『モスクワ上空の戦い』(いずれも大日本絵画刊)がある。また、マスコミ報道やテレビ番組制作関連の通訳・翻訳にも多く携わっている。

[監修]
齋木伸生(さいきのぶお)
1960年12月5日生。東京都出身。早稲田大学政治経済学部博士課程修了。外交史と安全保障を研究、ソ連・フィンランド関係とフィンランドの安全保障政策が専門。現在は軍事評論家として、取材、執筆活動を行っている。主な著書に、『戦車隊エース』(コーエー)『ドイツ戦車発達史』(光人社)『フィンランドのドイツ戦車隊(翻訳)』(大日本絵画)などがある。また、『軍事研究』『丸』『パンツァー』『アーマーモデリング』などに寄稿も数多い。

独ソ戦車戦シリーズ 2

バルバロッサのプレリュード
ドイツ軍奇襲成功の裏面・もうひとつの史実

発行日	2003年9月5日 初版第1刷
著者	マクシム・コロミーエツ、ミハイル・マカーロフ
翻訳	小松徳仁
監修	齋木伸生
発行者	小川光二
発行所	株式会社大日本絵画
	〒101-0054 東京都千代田区神田錦町1丁目7番地
	tel. 03-3294-7861(代表) http://www.kaiga.co.jp
企画・編集	株式会社アートボックス
	tel. 03-5281-8466 fax. 03-5281-8467
装丁・デザイン	関口八重子
DTP	小野寺徹
印刷・製本	大日本印刷株式会社

ФРОНТОВАЯ
ИЛЛЮСТРАЦИЯ
FRONTLINE ILLUSTRATION

ПРЕЛЮДИЯ К
БАРБАРОССЕ

by Максим КОЛОМИЕЦ
Михаил МАКАРОВ
©Стратегия KM 2000

Japanese edition published in 2003
Translated by Norihito KOMATSU
Publisher DAINIPPON KAIGA Co.,Ltd.
Kanda Nishikicho 1-7, Chiyoda-ku, Tokyo
101-0054 Japan
©DAINIPPON KAIGA Co.,Ltd.
Norihito KOMATSU, Nobuo SAIKI
Printed in Japan